大疆无人机 Neo航拍创作
从入门到精通

刘兴宇◎著

化学工业出版社

·北京·

内 容 简 介

《大疆无人机Neo航拍创作从入门到精通》是一本专为大疆Neo无人机用户打造的航拍创作指南，旨在帮助读者从零基础成长为航拍高手。本书通过三条主线展开。

飞行安全与基础操作：详细讲解无人机飞行的全流程，包括禁飞区识别、起飞与降落注意事项、飞行环境评估及飞丢后的找回方法，确保读者安全操控无人机。

专题拍摄技巧：深入解析旅游风光、城市漫步、日常自拍、情侣游玩、家庭露营、户外运动等多种Vlog场景的拍摄技巧，涵盖构图、运镜、光线运用等核心技能，帮助读者轻松捕捉精彩画面。

后期处理与AI剪辑：提供航拍照片与视频的后期处理教程，包括基础调色、滤镜应用、AI智能剪辑、字幕添加等，助力读者快速提升作品质量。

本书内容实用、案例丰富，结合150多集教学视频演示，手把手指导读者掌握Neo无人机的各项功能与创作技巧。无论是初学者还是有一定经验的航拍爱好者，都能通过本书系统学习航拍技术，创作出高质量、富有创意的Vlog作品。

图书在版编目(CIP)数据

大疆无人机Neo航拍创作从入门到精通 / 刘兴宇著.
北京：化学工业出版社，2025.6. -- ISBN 978-7-122-47702-6

Ⅰ．TB869；TP391.413

中国国家版本馆CIP数据核字第20259353ZF号

责任编辑：张素芳　李　辰　　　　　封面设计：异一设计
责任校对：田睿涵　　　　　　　　　装帧设计：盟诺文化

出版发行：化学工业出版社（北京市东城区青年湖南街13号　邮政编码100011）
印　　装：北京瑞禾彩色印刷有限公司
710mm×1000mm　1/16　印张13$\frac{1}{2}$　字数263千字　2025年6月北京第1版第1次印刷

购书咨询：010-64518888　　　　　　　售后服务：010-64518899
网　　址：http://www.cip.com.cn
凡购买本书，如有缺损质量问题，本社销售中心负责调换。

定　　价：79.80元　　　　　　　　　　　　　　　版权所有　违者必究

前 言

一、写作驱动

随着科技的飞速发展，无人机航拍技术已经成为记录生活、表达创意的重要手段之一。大疆 Neo 无人机以其轻便易用、功能丰富的特点，为 Vlog 拍摄提供了全新的视角和创意空间，可以帮助创作者轻松拍摄出高质量、有创意的 Vlog 作品。

为了帮助更多的人掌握无人机航拍 Vlog 的技能，本书应运而生。

无人机 Vlog 航拍作为新兴的拍摄方式，为创作者带来了新的视角和表达方式，但也伴随着一些挑战。以下是飞手们在学习无人机 Vlog 航拍时常常遇到的 3 大痛点。

痛点 1：安全飞行问题

新手用户通常会有禁飞区限制、飞行环境判断和操作技能掌握等方面的痛点。例如，不会判断飞行环境的安全性，如室内飞行风险、无 GPS 信号地区的飞行、夜间飞行的风险等，是新手们面临的难题。

痛点 2：拍摄技巧不足

如何运用构图原理拍摄出美观、和谐的画面，是新手们需要学习的重点。比如，不知道如何提升 Vlog 质量、不知道飞行动作和航拍模式、不能拍摄出具有动感和创意的运动镜头。除此之外，不同的拍摄主题和场景，需要使用不同的拍摄技巧和构图方法。

痛点 3：后期处理能力有限

部分用户存在照片修图、视频剪辑方面的问题。例如，不知道如何调整照片的曝光、色彩、对比度等参数，不会去除照片中的瑕疵，不知道如何对拍摄的素材进行剪辑，以及添加转场、配乐、字幕等。

二、本书特色

本书紧密围绕无人机 Vlog 航拍学习中的 3 大痛点，即安全飞行、构图技巧、后期处理，为新手提供一套从入门到精通的完整学习方案，其特色如下。

- 安全先行，保驾护航：本书开篇便着重讲解了无人机安全飞行知识，包括禁飞区、环境识别、起飞/降落技巧等，帮助新手避免炸机风险，确保飞行安全。
- 构图进阶，美化画面：本书深入浅出地讲解了构图原理和关键元素，并通过多种构图技巧的实战演练，帮助新手掌握拍摄出和谐、美观画面的方法。
- 后期精修，提升品质：本书教授大家如何使用 DJI Fly App 进行照片和视频的快速修片，并介绍多种 AI 智能剪辑技巧，帮助新手轻松制作出专业的航拍 Vlog。
- 分类教学，针对性学习：本书针对不同类型的 Vlog 拍摄，如旅游风光、城市漫步、日常自拍、情侣游玩、家庭露营、户外运动等，提供相应的拍摄技巧和运动镜头运用指南，帮助新手快速掌握各类 Vlog 的拍摄方法。
- 资源丰富，学以致用：本书提供丰富的学习资源，包括实拍实录的教学视频、素材效果文件等，帮助新手将理论知识与实践操作相结合，学以致用，快速提升航拍 Vlog 的创作水平。

综上所述，本书旨在通过系统的教学设计和丰富的实战案例，帮助读者克服这些挑战，成长为更加专业和自信的无人机 Vlog 创作者。

三、教学资源

本书提供的配套教学资源及数量如下表所示。

教学资源及数量表

序号	教学资源	数量
1	素材	32 个
2	效果	75 个
3	提示词	2 条
4	视频	154 个

四、获取方式

如果读者需要获取书中案例的素材、效果、提示词和视频，请使用微信"扫一扫"功能按需扫描下列对应的二维码即可。

扫码看素材效果

扫码看教学视频

五、特别提示

1. 本书涉及的各大软件和工具的版本分别是：醒图 App 为 11.3.0 版，剪映 App 为 15.3.0 版，奥维互动地图 App 为 V10.1.5 版，DJI Fly App 为 1.15.5 版。

2. 本书的编写是根据软件和工具的当前最新版本截的实际操作图片，但书从编辑到出版需要一段时间，在此期间，这些工具的版本、功能和界面可能会有变动，请在阅读时，根据书中的思路，举一反三，进行学习。

3. 需要注意的是，即使使用相同的提示词，剪映每次生成的效果也会存在差别，因此在扫码观看教程时，读者应把更多的精力放在指令的编写和实际操作的步骤上。

4. 醒图和剪映 App 中的部分功能需要开通会员才能使用，用户可以根据自身需求来决定是否开通会员来使用应用中的部分功能。

六、编写人员与售后服务

本书由刘兴宇著。参与资料整理的人员有柏品江、邓陆英，在此表示感谢。由于著者知识水平有限，书中难免有疏漏之处，恳请广大读者批评、指正，联系微信：2633228153。

目　录

第 1 章　先学预防无人机炸机 1

1.1　禁飞区：无人机不能飞的地方 2
1.1.1　机场和军、警、党、政等禁飞区 2
1.1.2　人群密集的地方 3

1.2　起飞前：了解容易炸机的环境 3
1.2.1　室内飞行有风险 3
1.2.2　无GPS和卫星定位的地方 4
1.2.3　夜晚要谨慎起飞无人机 5

1.3　起飞时：了解一些炸机风险 5
1.3.1　无人机的摆放方向不对 5
1.3.2　无人机在起飞时提示指南针异常 6

1.4　升空时：学会提前规避风险 7
1.4.1　在大树周围谨慎飞行 7
1.4.2　信号塔、高压线、高大建筑物附近 8

1.5　飞行时：掌握安全飞行的诀窍 8
1.5.1　最好不要在水面上低空飞行 8
1.5.2　山区和海拔超2000米的环境 9
1.5.3　大风、大雨、大雪、雷电天气要谨慎飞行 10
1.5.4　不要在电量不足的情况下飞行 10

1.6　降落时：让无人机安全返航 11
1.6.1　不要在凹凸不平的地面降落 11
1.6.2　降落时要注意周围的动态因素 12

			1.6.3	不要错认他人的无人机	12

1.7	找飞机：学会找回飞丢的无人机	13
	1.7.1 通过飞行地图找到大致位置	13
	1.7.2 通过坐标找寻具体的位置	15

第 2 章　快速入门无人机航拍 16

2.1	掌握航拍Vlog的技巧	17
	2.1.1 Vlog的含义	17
	2.1.2 如何拍摄Vlog	17
	2.1.3 什么是好的Vlog	18
	2.1.4 拍出好的Vlog的因素有哪些	20
2.2	认识大疆Neo无人机及配件	21
	2.2.1 认识Neo飞行器	21
	2.2.2 认识RC-N3遥控器	22
	2.2.3 学会操控摇杆	24
	2.2.4 认识智能飞行电池	25
	2.2.5 认识云台相机	26
2.3	连接无人机与登录DJI Fly账号	26
	2.3.1 连接遥控器与无人机	27
	2.3.2 登录DJI Fly账号	28
2.4	熟悉DJI Fly App	30
	2.4.1 认识DJI Fly App主页	30
	2.4.2 认识DJI Fly App相机界面	31
2.5	设置照片比例和视频参数	32
	2.5.1 设置照片比例来拍摄画面	32
	2.5.2 设置视频参数开启竖拍模式	34

第 3 章　学会构图来美化画面 35

3.1	构图入门：了解原理和关键元素	36
	3.1.1 什么是构图	36
	3.1.2 构图的原则	37
	3.1.3 构图的3要素	38
3.2	构图角度：展现不同的视觉效果	39

3.2.1　从平视角度航拍 39
　　3.2.2　从俯视角度航拍 40
　　3.2.3　从仰视角度航拍 41
3.3　构图实战：使画面更加和谐、美观 42
　　3.3.1　三分法构图 43
　　3.3.2　透视构图 44
　　3.3.3　前景构图 46
　　3.3.4　中心构图 47
　　3.3.5　对称构图 48
　　3.3.6　曲线构图 49

第 4 章　掌握基础的飞行动作 51

4.1　入门动作：巩固飞行基础 52
　　4.1.1　上升飞行 52
　　4.1.2　下降飞行 53
　　4.1.3　前进飞行 54
　　4.1.4　后退飞行 55
　　4.1.5　向左飞行 56
　　4.1.6　向右飞行 57
　　4.1.7　向左旋转飞行 58
　　4.1.8　向右旋转飞行 59
4.2　进阶动作：逐渐提升技术能力 60
　　4.2.1　顺时针环绕飞行 60
　　4.2.2　逆时针环绕飞行 61
　　4.2.3　上升俯视飞行 62
　　4.2.4　拉高上抬飞行 63

第 5 章　用好 Neo 的航拍模式 64

5.1　两种控制方式 65
　　5.1.1　启动机身自带的模式 65
　　5.1.2　连接手机 App 选择模式 66
5.2　6 种航拍模式 69

	5.2.1	跟随模式	69
	5.2.2	渐远模式	70
	5.2.3	环绕模式	72
	5.2.4	冲天模式	74
	5.2.5	聚焦模式	75
	5.2.6	定向跟随模式	76

第 6 章　旅游风光 Vlog 的拍摄技巧 78

6.1　掌握旅游风光Vlog的拍摄技巧 79

  6.1.1　检查设备和规划路线 79

  6.1.2　了解飞行环境和天气 80

  6.1.3　设置视频拍摄参数 81

  6.1.4　使用辅助线拍摄 82

  6.1.5　使用水平线构图拍摄 82

6.2　使用运动镜头拍摄旅游风光Vlog 84

  6.2.1　使用平摇镜头拍摄风光 84

  6.2.2　使用侧飞镜头拍摄风光 85

  6.2.3　使用上升镜头拍摄风光 87

  6.2.4　使用环绕镜头拍摄人物 88

  6.2.5　使用跟随镜头拍摄汽车 90

第 7 章　城市漫步 Vlog 的拍摄技巧 92

7.1　掌握城市漫步Vlog的拍摄技巧 93

  7.1.1　保持画面紧凑 93

  7.1.2　寻找合适的光影 94

  7.1.3　寻找色彩和图案 95

  7.1.4　使用前景构图技巧拍摄 96

  7.1.5　拍摄人文元素 98

7.2　使用运动镜头拍摄城市漫步Vlog 99

  7.2.1　使用上升镜头揭示开场 99

  7.2.2　使用后退镜头展现人物 100

  7.2.3　使用前进镜头拍摄城市 102

| | 7.2.4 | 使用跟随镜头跟随人物 | 103 |
| | 7.2.5 | 使用上升后退镜头退场 | 105 |

第 8 章　日常自拍 Vlog 的拍摄技巧 107

8.1　掌握日常自拍Vlog的拍摄技巧 108
- 8.1.1　掌握万能分镜公式 108
- 8.1.2　拍摄稳定的长镜头 109
- 8.1.3　多拍摄10秒 110
- 8.1.4　让主体慢慢进入画面 111
- 8.1.5　使用三分法构图拍摄 112

8.2　使用运动镜头拍摄日常自拍Vlog 113
- 8.2.1　使用正面跟随镜头拍摄人物 113
- 8.2.2　使用背面跟随镜头拍摄人物 114
- 8.2.3　使用侧跟＋环绕镜头拍摄人物 117
- 8.2.4　使用俯视跟随镜头拍摄人物 118
- 8.2.5　使用后退拉高镜头拍摄人物 120

第 9 章　情侣游玩 Vlog 的拍摄技巧 121

9.1　掌握情侣游玩Vlog的拍摄技巧 122
- 9.1.1　选择在黄金时段拍摄 122
- 9.1.2　使用对比构图拍摄 123
- 9.1.3　利用环境营造氛围感 124
- 9.1.4　拍摄情侣互动镜头 126
- 9.1.5　前景与背景结合 127

9.2　使用运动镜头拍摄情侣游玩Vlog 128
- 9.2.1　使用后退镜头拍摄情侣 128
- 9.2.2　使用下降镜头拍摄情侣 129
- 9.2.3　使用侧飞镜头拍摄情侣 130
- 9.2.4　使用竖拍环绕镜头拍摄情侣 131
- 9.2.5　使用侧跟下摇镜头拍摄情侣 131
- 9.2.6　使用跟随前飞镜头拍摄情侣 133

第 10 章 家庭露营 Vlog 的拍摄技巧 134

10.1 掌握家庭露营Vlog的拍摄技巧 135
10.1.1 选择合适的光线和天气 135
10.1.2 选择合适的地点 136
10.1.3 多角度拍摄画面 137
10.1.4 使用斜线构图拍摄 138
10.1.5 拍摄夕阳剪影画面 139

10.2 使用运动镜头拍摄家庭露营Vlog 140
10.2.1 使用前进镜头拍摄露营地 140
10.2.2 使用低角度倒飞镜头拍摄露营地 141
10.2.3 使用上升俯视镜头拍摄露营地 142
10.2.4 使用向左飞行镜头拍摄露营地 143
10.2.5 使用前进右飞镜头拍摄活动 144
10.2.6 使用顺时针环绕镜头拍摄活动 145
10.2.7 使用俯视旋转上升镜头拍摄活动 146

第 11 章 户外运动 Vlog 的拍摄技巧 147

11.1 掌握户外运动Vlog的拍摄技巧 148
11.1.1 选择具有透视感的场景 148
11.1.2 注意人物的服装色彩 149
11.1.3 使用中心构图拍摄 150
11.1.4 捕捉人物的动态瞬间 151
11.1.5 使用跟随模式拍摄 152

11.2 使用运动镜头拍摄户外运动Vlog 154
11.2.1 下摇后拉拍摄滑板运动 154
11.2.2 后退环绕拍摄滑板运动 155
11.2.3 旋转右飞拍摄滑板运动 156
11.2.4 低角度前推拍摄滑板运动 157
11.2.5 右摇跟随拍摄跑步运动 158
11.2.6 跟随下摇拍摄跑步运动 159
11.2.7 上抬环绕左飞拍摄跑步运动 160
11.2.8 跟随环绕上抬拍摄骑车运动 162

11.2.9 跟随右飞下摇拍摄骑车运动 163

第 12 章 掌握快速修片的技巧 164

12.1 基本调节：调整航拍照片的画面 165
12.1.1 改变航拍照片的比例 165
12.1.2 调整航拍照片的曝光 167
12.1.3 校正航拍照片的色彩 168
12.1.4 智能优化航拍照片 170
12.1.5 去除照片中的瑕疵 171
12.1.6 局部调整航拍照片 173

12.2 美化升级：赋予照片独特的魅力 174
12.2.1 添加滤镜美化照片 174
12.2.2 为照片添加文字和贴纸 175
12.2.3 拼接多张航拍照片 177
12.2.4 套用模板快速成片 179
12.2.5 使用AI功能美化图片 180

第 13 章 学会 AI 智能剪辑视频 182

13.1 AI剪辑技巧：智能剪辑出片 183
13.1.1 使用AI功能智能调色 183
13.1.2 使用AI功能智能添加音乐 185
13.1.3 使用AI功能智能添加字幕 187
13.1.4 使用AI模板功能制作视频 189
13.1.5 使用AI剪同款功能制作视频 190
13.1.6 使用AI一键成片功能制作视频 192

13.2 Vlog剪辑案例：《秋日赏枫》 194
13.2.1 添加多段素材和背景音乐 195
13.2.2 剪辑素材时长和添加转场 196
13.2.3 添加开场特效和渐隐动画 198
13.2.4 添加滤镜效果和分段调色 199
13.2.5 添加标题文字和求关注片尾 201

第 1 章
先学预防无人机炸机

本章要点

飞行在一定程度上存在着风险,虽然大疆 Neo 无人机配备了下视视觉系统和底部红外传感系统,具有下方环境感知能力和定位功能,但是如果操作不当的话,还是可能会炸机。炸机会造成一定的经济损失,大家都不希望遇到,本章就带领大家学习一些预防炸机的措施,了解最容易炸机的一些情况,帮助用户提前规避风险,保障飞行安全。

1.1 禁飞区：无人机不能飞的地方

不是所有的地方无人机都可以飞行，无人机也有禁区，如机场、军营及政府机关等。本节将介绍禁飞区的相关内容。

1.1.1 机场和军、警、党、政等禁飞区

扫码看教学视频

近几年，出现了一系列无人机"黑飞"事件，特别是机场，属于"重灾区"，无人机干扰航班正常起降的新闻屡见不鲜。2020年4月9日，有3人在长沙的军用机场净空保护区"黑飞"拍宣传片，各被罚了200元。除了机场，军、警、党、政机关等上空周围也属于禁飞区。

无人机的"黑飞"事件对公共安全造成了直接威胁，随之国家出台了一系列针对无人机等"低慢小"航空器的专项整治，对于违法飞行无人机的人进行严抓严打，情节严重还可能构成犯罪，需依法追究刑事责任。

根据《无人驾驶航空器飞行管理暂行条例》第十九条，国家根据需要划设无人驾驶航空器管制空域。比如，机场和军、警、党、政等禁飞区的上空，是无人机的天敌，千万不能飞。一些居民楼小区周围，也要谨慎飞行。在居民区飞行无人机可能会侵犯居民的隐私权，因为无人机通常配备有摄像头，可能会拍摄到居民的生活场景。

在DJI Fly App的主页中点击"飞行安全地图"按钮，并进入"地图"界面，可以查看禁飞区，如图1-1所示，机场禁飞区呈红色糖果状，军、警、党、政等禁飞区呈红色圆形。

图1-1 禁飞区

总之，用户需要遵守法律法规，才能让飞行更加安全和有序。

1.1.2 人群密集的地方

扫码看教学视频

在短视频平台上看到一段某个旅游景点的视频,有个飞手在景点起飞无人机,当时四周的游客比较多,飞手没有很好地控制无人机的飞行方向,导致无人机失控,撞到了游客,伤到了游客的腿。

如果是航拍新手,尽量不要在人群密集的地方飞行,因为在飞行过程中可能会出现技术故障或操作失误,导致坠机,对人群或财产造成伤害,从而造成第三者损失。若飞手过于紧张,双手控制摇杆方向的时候就容易出错,而且一些人群密集的地方也是禁止飞行的,千万不要以身犯险。

新手在练习飞行技术的时候,最好找一大片空旷的地方进行练习,如图1-2所示,等自己的飞行技术达到一定的水平了,再挑战复杂一点的航拍环境。

图 1-2 空旷的地方

1.2 起飞前:了解容易炸机的环境

起飞前,了解容易炸机的环境对于安全飞行无人机至关重要。本节将介绍一些容易炸机的环境及其规避方法。

1.2.1 室内飞行有风险

扫码看教学视频

在室内飞行无人机,得有一定的水平,因为室内基本没有GPS信号,无人机是依靠光线进行定位的。

光线不足会影响无人机视觉定位系统的工作效果,导致无人机无法准确判断自身位置和高度,从而增加炸机的风险。反光现象(如地板砖反光)也可能干扰无人机的下视觉传感器,使其无法精准悬停。

室内通常空间较为有限,无人机的飞行范围受到限制。在狭窄的空间内飞行,无人机可能更容易与墙壁、家具等障碍物发生碰撞,导致炸机。

无人机旋翼产生的气流在室内环境中可能受到墙壁、家具等障碍物的干扰,导致飞行不稳定。此外,室内空调、风扇等设备产生的气流也可能对无人机的飞行稳定性产生影响。

如果是新手,千万不要在室内起飞无人机,如果操作不当,无人机胡乱飘飞,还有可能伤害到自己或者家人、朋友。

1.2.2 无 GPS 和卫星定位的地方

无人机是依靠 GPS 和卫星信号进行定位的,一旦飞行期间接收不到 GPS 信号和卫星定位,会导致无人机悬停不稳及自动返航失灵。

扫码看教学视频

当相机界面中提示无 GPS 信号或者无卫星定位时,如图 1-3 所示,那么飞行环境对信号就是有干扰的。

图 1-3 无卫星定位

在飞行时,如果忽然无 GPS 信号和卫星定位,飞手应立即按下自动返航按钮,让无人机自动飞回来(前提是返航路线中没有高大的建筑物),若不采取行动,无人机可能会随风飘动。

对无人机来说,没有 GPS 信号和卫星定位是非常危险的。如果是在晚上,且无人机避障功能也失效的情况下,那么无人机离炸机就不远了。

因此,在信号干扰比较严重的区域飞行无人机,要时刻关注相机界面上的信息栏,也不要让无人机飞得太远。

1.2.3 夜晚要谨慎起飞无人机

扫码看教学视频

大疆 Neo 无人机在夜间飞行有限制。根据大疆官方的快速攻略，不建议在夜间飞行 Neo 无人机。

在夜晚飞行时，光线不足可能导致 Neo 无人机进入姿态模式，如图 1-4 所示，这会影响无人机的稳定性和操控性。无人机如果不受控制，就很可能乱飞，新手很难处理这样的状况。除此之外，晚上的画质也不是很好，很难拍出夜景的美。

图 1-4　无人机进入姿态模式

因此，为了保证飞行安全和避免可能的飞行器损坏，建议在光线充足的环境使用大疆 Neo 无人机。如果有特殊的夜间飞行需求，建议选择那些专为夜间飞行设计的无人机型号。

1.3 起飞时：了解一些炸机风险

很多新手在起飞的时候就炸机了，这是因为他们不熟悉起飞的注意事项。本节将介绍起飞时有哪些炸机风险，大家了解以后要注意规避。

1.3.1 无人机的摆放方向不对

扫码看教学视频

在起飞时，如果无人机摆放方向不对，如机身倾斜，会导致倾斜角过大，如图 1-5 所示，或者机头朝向不正确，可能会导致飞行不稳定。这种不稳定可能表现为无人机在空中摇摆不定，难以保持直线飞行或悬停。

图 1-5　飞机倾斜角过大

如果起飞时无人机朝向障碍物（如树木、建筑物等），那么在飞行过程中，可能会导致其机翼或机身与地面物体（如树枝、电线等）发生碰撞。

1.3.2　无人机在起飞时提示指南针异常

扫码看教学视频

在起飞时，无人机提示指南针异常，通常意味着无人机的指南针（磁力计）受到了干扰或者出现了问题。指南针是无人机导航系统的重要组成部分，它用于帮助无人机确定方向。下面是一些可能出现指南针异常的原因。

❶ 电磁干扰：附近有金属物体、电子设备或其他电磁源，可能会干扰指南针。

❷ 磁干扰：无人机附近有磁性物质，如铁、钢或其他磁性材料。

❸ 指南针校准不当：在起飞无人机前没有正确校准指南针。

❹ 硬件故障：指南针传感器可能存在硬件问题。

❺ 软件问题：无人机固件可能需要更新。

如果无人机出现了指南针异常的提示，该如何处理呢？下面为大家提供一些解决方法。

❶ 远离干扰源：将无人机移至远离金属物体和电子设备的开阔地带。

❷ 校准指南针：在无人机的设置界面中找到指南针校准选项，然后按照屏幕上的指示进行校准，通常需要在多个方向旋转无人机。

❸ 检查硬件：确认无人机没有受到物理损伤，然后检查周围是否有磁性物质。

❹ 更新固件：检查首页，看是否有最新的固件更新提醒。

❺ 重置无人机：尝试将无人机重置到出厂设置，但请注意，这可能会删除所有的用户设置。

❻ 联系客服：如果以上方法都不能解决问题，可能需要联系无人机的制造商或客服提供帮助。

1.4 升空时：学会提前规避风险

了解容易导致无人机炸机的因素对于确保飞行安全至关重要。本节将介绍一些升空过程中可能会导致无人机炸机的因素，以及如何预防这些问题。

1.4.1 在大树周围谨慎飞行

扫码看教学视频

如果在起飞点上空有障碍物，则不适合飞行，如居民楼较多的小区里、公园里、森林里，都会有很多大树，飞行环境并不理想。如果飞手只顾上升，忘记抬头观察上空的环境，就很容易造成炸机。

在春、夏两季，大树都是郁郁葱葱的，如图 1-6 所示，开启避障功能的无人机是可以进行避障的；但如果是在秋、冬两季，树叶都落光了，只剩下光秃秃的树枝，如图 1-7 所示，那么可能人眼看不到，无人机的避障系统也检测不到。

图 1-6　郁郁葱葱的大树

图 1-7　光秃秃的树枝

1.4.2 信号塔、高压线、高大建筑物附近

扫码看教学视频

在飞行时,如果附近有手机信号塔、无线电发射塔、雷达站、高压线等电磁干扰源,如图1-8所示,可能会导致信号失真或中断。因此,建议飞手尽量避开手机信号塔、无线电发射塔等电磁干扰源。

图1-8 高压线附近

在农村区域,高压电线随处可见,它们裸露在外面,并且很细小。在上升飞行无人机时,如果上空有高压线,也是很危险的。

高大的建筑物尤其是那些有大量金属结构和玻璃幕墙的建筑,会反射或阻挡GPS信号。这会导致无人机的定位系统变得不稳定,甚至完全失去定位能力。在高楼林立的环境中飞行,无人机可能会与建筑物发生碰撞,造成设备损坏或安全事故。

因此,在无人机升空的时候,上方一定不能有障碍物,飞手也需要细心观察,在飞行前提前检查好起飞环境。

1.5 飞行时:掌握安全飞行的诀窍

飞行时掌握容易导致无人机炸机的因素是非常重要的,这不仅能保护飞行设备,还能确保飞行安全。本节将介绍一些飞行时容易导致无人机炸机的因素,以及避免这些问题的建议。

1.5.1 最好不要在水面上低空飞行

扫码看教学视频

当让无人机沿着水面飞行的时候,无人机的气压计会受到干扰,无法精确定位无人机的高度。

无人机在水面上飞行的时候，经常会出现掉高现象。因为水面会反射阳光和周围的环境，这种反射可能导致无人机的视觉定位系统和超声波传感器无法正常工作。特别是在阳光强烈的情况下，反射的阳光可能使传感器产生错误的读数，导致无人机无法准确判断高度和位置，从而增加炸机的风险。

如果使用大疆 Neo 无人机的自动模式飞行，比如"跟随"模式，当它在水面上飞行的时候，它可能会越飞越低，一不小心就会飞到水里面去。因此，建议用户不要在水面上低空飞行无人机。如果要飞，尽量使用手动模式，如图 1-9 所示，多上升飞行，少下降飞行，并且不要飞得太远，尽量在岸边飞行。

图 1-9　使用手动模式在水面上飞行无人机

1.5.2　山区和海拔超 2000 米的环境

扫码看教学视频

在山区飞行的时候，一般情况下，GPS 信号还是比较稳定的，如果贴着陡崖或者峡谷飞行，那么就会影响 GPS 信号的稳定性。如果树木、山坡等遮挡物过多，也会遮挡全球卫星导航系统（Global Navigation Satellite System，GNSS）信号。因此，在山区飞行的时候，一定要时刻观察周围的环境，不要让遮挡物影响飞行的稳定性。

山区的天气也不太稳定，在海拔比较高的山区，还经常会突然下雨、下冰雹，而且气流也比较大，在大风环境下飞行的话，无人机会摇摇晃晃的。大疆 Neo 无人机的抗风等级最大也只有 4 级。对于恶劣的环境和天气，一定要提前降落无人机。

大疆 Neo 无人机的最大起飞海拔高度为 2000 米。在高海拔地区飞行，多种环境因素会导致飞行器电池及动力系统性能下降，飞行性能会受到影响。

1.5.3 大风、大雨、大雪、雷电天气要谨慎飞行

扫码看教学视频

在极端天气条件下,炸机的风险会显著增加。如果室外的风速达4级以上,那就是大风,陆地上的小草和树木会摇摆,这个时候如果飞无人机,就很容易被风吹走。当无人机不受遥控器的控制时,就会被风吹跑,非常容易炸机。

大雨、大雪、雷电、有雾天气也不能飞。大雨、大雪容易把无人机淋湿,而且也会影响摄影头的清晰度;雷电天气飞行,容易被闪电击中;有雾的天气会阻碍视线,增加炸机风险,而且拍摄出来的画面也不会很清晰,如图1-10所示。

图1-10 在雾天拍摄的画面不清晰

1.5.4 不要在电量不足的情况下飞行

扫码看教学视频

无人机的飞行稳定性很大程度上依赖其电池提供的电力。当电量不足时,无人机的飞行控制系统、电机和其他关键组件可能无法正常工作,导致飞行变得不稳定。

飞行过程中的不稳定可能导致无人机失控,甚至发生坠机事故,这不仅会损坏无人机,还可能对周围的人和物造成伤害。

大疆Neo无人机配备的电池是1435mAh的智能电池,官方理论最大飞行时间为18分钟。即使在安装了螺旋桨保护装置的情况下,飞行时间仍可达到17分钟。在实际使用中,大多数情况下续航时间在10~15分钟。

在无人机快没电的时候,信息栏就会弹出相应的提示,如图1-11所示,提示用户返航或者降落无人机。一般而言,在电池容量只剩15%左右的时候,就应该让无人机返航了。如果无人机飞得比较远,那么电量在20%左右时,就需要提前返航。

图 1-11 信息栏提示无人机电量低

留足一定的电量返航，可以让飞手没那么紧张，因为有充足的时间返航。但如果剩余电量不足以完成整个返航过程，无人机就有可能在途中耗尽电量而被迫降落。

在电量极低的情况下，无人机还可能会失去与遥控器的连接，导致完全失控，这是非常危险的。

1.6 降落时：让无人机安全返航

在降落无人机时，确保无人机安全返航是至关重要的。本节将介绍一些关键的步骤和注意事项，以确保无人机能够安全、顺利地返航并降落。

1.6.1 不要在凹凸不平的地面降落

扫码看教学视频

凹凸不平的地面可能导致无人机的起落架、螺旋桨或其他部件受到撞击而损坏。不平整的地面可能导致无人机在降落时失去平衡，增加侧翻的风险。

某些无人机依靠底部传感器来辅助着陆，不平坦的表面可能会干扰这些传感器的工作，导致着陆不够精准。

建议飞手尽量选择一个平坦、开阔且没有障碍物的地方作为降落点。理想的情况应是硬质地面，如水泥地，而不是松软的沙地或泥地。

如果周围环境都不适合降落无人机，可以让大疆 Neo 无人机降落在手掌上，如图 1-12 所示。用户只需要在无人机降落的位置，把手掌打开，等无人机降落在 2 米左右的高度，手掌处于它的下面，然后使其下降飞行，有时它还能自动降落在手掌上并停止转动电机。

图 1-12 让大疆 Neo 无人机降落在手掌上

1.6.2 降落时要注意周围的动态因素

扫码看教学视频

在降落无人机时，需要注意周围的动态因素，以确保安全着陆。确保降落区域周围没有行人或观众。如果有人靠近，请他们保持距离。如果可能，选择一个远离人群的地方进行降落。

还要注意是否有宠物或其他动物接近。动物可能会被无人机吸引而试图接近，这可能会导致出现危险的情况。如果发现有动物接近，请尝试引导它们离开或者改变降落地点。

避免在道路上或附近有车辆活动的地区降落，寻找一个远离交通的地方。如果不得不在路边降落，请确保道路已被暂时封闭或有足够的空间让车辆避开。

还要注意是否有其他无人机、风筝、气球等空中物体出现在附近。如果发现有其他飞行物，就调整无人机的位置，避免碰撞。

1.6.3 不要错认他人的无人机

当与飞友们约定一起飞行无人机的时候，会发现大家大多使用相同品牌或者型号的无人机，因此很容易认错无人机。当手动降落无人机的时候，看到没有反应的无人机，误以为是自己的无人机失灵，因此胡乱操作，从而导致自己的无人机失控炸机。

当飞友与自己的无人机型号相同时，用户可以在无人机的保护罩上贴上贴纸以作识别,如图 1-13 所示,夜间发光效果的贴纸还能让用户在晚上精准识别无人机。

图 1-13 在无人机的保护罩上贴上贴纸

假如在降落或者飞行期间真的认不出自己的无人机了,用户首先要保持冷静,分析图传画面,再判断无人机的飞行方向和位置;或者开启智能返航功能,让无人机飞到起飞点的上空。

1.7 找飞机:学会找回飞丢的无人机

如果在飞行无人机时突然与其断联,没有任何信号,怎么按遥控器都没有用,无人机也没有回来,这时用户可以按照下面介绍的方法去找寻,就能快速找到无人机。本节将为大家介绍相应的操作方法。

1.7.1 通过飞行地图找到大致位置

一旦发现无人机失去联系,用户首先要保持冷静,不要慌张。先找到无人机最后已知的位置坐标,作为寻找的基础。下面介绍具体的操作方法。

扫码看教学视频

步骤 01 在 DJI Fly App 主页中点击"我的"按钮,如图 1-14 所示。
步骤 02 进入"我的"界面,选择"找飞机"选项,如图 1-15 所示。
步骤 03 进入相应的地图界面,可以查看无人机最后降落的位置和失联坐标,如图 1-16 所示,等自己靠近无人机的位置以后,可以试着选择"启动闪灯鸣叫"选项。

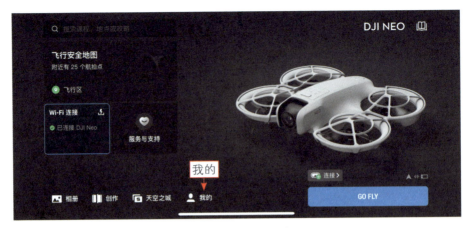

图 1-14 点击"我的"按钮

图 1-15 选择"找飞机"选项

图 1-16 查看飞行器最后降落的位置和失联坐标

1.7.2 通过坐标找寻具体的位置

在地图界面中获取了无人机的坐标之后，可以在奥维互动地图App上获取位置，精确找回丢失的无人机。下面介绍相应的操作方法。

扫码看教学视频

步骤 01 在手机界面中点击奥维互动地图App，如图1-17所示。

步骤 02 进入相应的界面，点击"搜索"按钮，如图1-18所示。

图1-17 点击奥维互动地图App　　图1-18 点击"搜索"按钮（1）

步骤 03 ❶输入坐标值；❷点击"搜索"按钮，如图1-19所示。

步骤 04 弹出相应的坐标，❶点击坐标红点；❷点击 按钮，如图1-20所示，获取路线，然后就可以前往无人机丢失的地点，寻回无人机了。

图1-19 点击"搜索"按钮（2）　图1-20 点击相应的按钮

第 2 章
快速入门无人机航拍

本章要点

相较于手机和相机，无人机拍摄 Vlog（Video Blog，视频博客或视频网络日志）有其独特的优势。无人机可以用不同于平常的视角进行拍摄，给观众更多的新鲜感。在拍摄前，需要学习一些关于 Vlog 的知识，然后了解拍摄工具，也就是大疆 Neo 无人机。本章将为大家介绍一些航拍 Vlog 的技巧，并带大家认识大疆 Neo 无人机及配件、学会连接无人机与登录 DJI Fly 账号，最后熟悉 DJI Fly App。

2.1 掌握航拍Vlog的技巧

航拍 Vlog 是一种结合了无人机拍摄和 Vlog 的创意形式，通过高空视角为观众提供独特的视觉体验。本节将介绍一些 Vlog 相关知识和具体的技巧，帮助用户制作出高质量的航拍 Vlog。

2.1.1 Vlog 的含义

什么是 Vlog？ Vlog 是什么样的视频？接下来先从认识 Vlog 开始。

扫码看教学视频

Vlog 是 Video Blog 的简称，类似于将自己的生活日志转换为视频的形式，分享到社交平台上，可以吸引用户的关注。

按内容来划分，Vlog 包括日常生活记录、旅行 Vlog、美食 Vlog、教育学习、健康健身、科技数码、时尚美妆、音乐舞蹈、游戏娱乐、宠物 Vlog、心理情感等。图 2-1 所示为旅行 Vlog 视频画面。

图 2-1　旅行 Vlog 视频画面

2.1.2 如何拍摄 Vlog

拍摄 Vlog 是一个涉及创意、技术和故事性的综合过程。下面是一些详细的步骤和建议，帮助大家拍摄出有趣、吸引人的 Vlog。

扫码看教学视频

❶ 确定主题：思考自己想要传达的信息或情感，选择一个具体、有趣的主题。确保主题具有吸引力，能够引起观众的兴趣。

❷ 规划内容：制定一个详细的内容大纲，包括要拍摄的场景、动作和对话。预设一些可能的情节转折或亮点，以增加视频的趣味性。

❸ 准备设备：根据拍摄需求选择合适的设备，如手机、相机、无人机等。确保设备电量充足，存储卡空间足够。准备必要的配件，如三脚架、稳定器、麦克风等，以提高拍摄质量。

❹ 选择拍摄地点：找到一个适合拍摄主题和内容的地点，考虑光线、背景和环境噪声等因素，确保拍摄环境符合视频需求。

❺ 掌握拍摄技巧：掌握基本的拍摄手法，学会运用构图原则拍摄，然后学会控制光线和色彩，捕捉细节和瞬间。图 2-2 所示为在太阳快落山的时刻捕捉的画面。

图 2-2　在太阳快落山的时刻拍摄

2.1.3　什么是好的 Vlog

扫码看教学视频

在拍摄 Vlog 之前，用户需要知道什么才是好的 Vlog，如何拍出好看的 Vlog。在这个前提下，再开始创作 Vlog，会起到事半功倍的效果。

1. 画质清晰

拍摄的视频画面一定要保证清晰，如果无人机相机镜头没有擦干净，拍摄的画面就会模糊，从而影响观感。图 2-3 所示为航拍的清晰画面，非常赏心悦目。

图 2-3 清晰的画面

2. 简洁美观

在视觉信息爆炸时代，简洁美观的画面能够迅速吸引观众的注意力，使他们更愿意观看和欣赏。图 2-4 所示为拍摄的建筑画面，十分简洁，观众一眼就能看到主体。

图 2-4 简洁的建筑画面

2.1.4 拍出好的 Vlog 的因素有哪些

扫码看教学视频

在拍摄 Vlog 的时候，有哪些技巧可以提升视频的质量呢？可以从以下 3 个方面来展开：第一，画面中的**主体**要突出；第二，画面的**明亮度**适宜；第三，画面中的元素清晰、有美感。下面分别对这 3 点进行介绍。

1. 画面中的主体突出

拍摄视频的重点在于主体突出，这样观众才能知道用户在拍什么。图 2-5 所示为汽车视频画面，背景简洁，主体十分突出。

图 2-5　汽车视频画面

2. 画面的明亮度适宜

拍摄视频要保证画面的明亮度适宜，很多观众会因为画面的舒适度而决定去留，因此在拍摄视频时尽量注意光线的明暗，光线不足时可以选择在有光源的环境拍摄。图 2-6 所示为夜晚环境下拍摄的大桥灯光秀画面。

3. 画面中的元素清晰、有美感

为了让画面富有美感，可以运用一定的拍摄技巧，比如选择合适的构图。图 2-7 所示为使用对称和居中构图拍摄的画面，不仅可以突出重要的元素，画面整体也非常和谐。

图 2-6 大桥灯光秀画面

图 2-7 使用对称和居中构图拍摄的画面

2.2 认识大疆Neo无人机及配件

大疆 Neo 无人机是一款专为拍摄 Vlog 和记录日常设计的便携式无人机，它具有许多优点，使其成为航拍爱好者的理想选择。本节将带领大家认识大疆 Neo 无人机及配件。

2.2.1 认识 Neo 飞行器

大疆 Neo 无人机整机重量仅为 135 克，轻巧便携，比大多数手机还要轻，可以轻松放入口袋或背包中。同时，Neo 配备了全包保护罩，以确保在一般磕碰中的安全。下面带大家认识大疆 Neo 无人机，如图 2-8 所示。

扫码看教学视频

图 2-8

图 2-8　大疆 Neo 无人机

下面详细介绍大疆 Neo 无人机上的各个部件。

❶ 云台与相机。

❷ 螺旋桨。

❸ 螺旋桨护罩。

❹ 电机。

❺ 模式按钮。

❻ 模式指示器。

❼ 电池电量指示灯。

❽ 状态指示灯。

❾ 电源按钮。

❿ USB-C 端口。

⓫ 智能飞行电池。

⓬ 红外传感系统。

⓭ 下视视觉系统。

⓮ 电池锁扣。

2.2.2　认识 RC-N3 遥控器

控制大疆 Neo 无人机飞行的方式多种多样，使用遥控器，可以让无人机最高飞上 120m 的高空。大疆 Neo 无人机支持 DJI RC-N3 等符

扫码看教学视频

合 OcuSync 4 图传系统的遥控器。下面以 DJI RC-N3 遥控器为例，详细介绍上面的各功能按钮，帮助大家掌握遥控器上各功能的作用和使用方法，如图 2-9 所示。

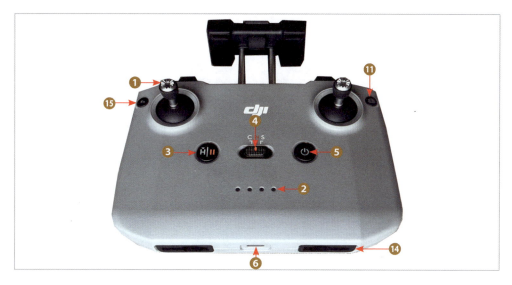

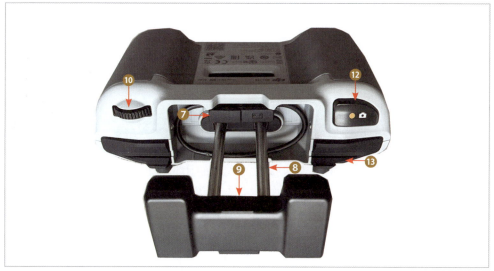

图 2-9　DJI RC-N3 遥控器

下面详细介绍 DJI RC-N3 遥控器上的各种功能。

❶ 控制摇杆：摇杆可拆卸，用于控制无人机飞行，在 DJI Fly App 中可设置摇杆的操控方式。

❷ 电池电量指示灯：显示当前遥控器的电池电量。

❸ 飞行暂停 / 返航（RTH）按钮：短按使无人机紧急刹车并原地悬停，要在

GNSS 或视觉系统生效时操作；长按启动智能返航，再短按一次取消智能返航。

❹ 飞行挡位切换开关：用于切换飞行挡位，分别为平稳挡、普通挡和运动挡。

❺ 电源按键：短按一次，再长按两秒，可开启 / 关闭遥控器电源。短按可查看遥控器的电量。

❻ 充电 / 调参接口（USB-C）：用于遥控器充电或将遥控器与电脑连接。

❼ 遥控器连接线：用于连接移动设备接口与遥控器图传接口，实现图像及数据传输。用户可根据移动设备接口类型更换相应的遥控器转接线。

❽ 移动设备支架：用于放置移动设备。

❾ 天线：传输无人机控制信号和图传无线信号。

❿ 云台俯仰控制拨轮：用于调节云台俯仰角度。

⓫ 拍摄按钮：短按可进行拍照或录像。

⓬ 拍照 / 录像切换按钮：短按一次可切换拍照或录像模式。

⓭ 移动设备凹槽：用于固定移动设备。

⓮ 摇杆收纳槽：用于收纳摇杆。

⓯ 自定义按键：默认设置为单击控制补光灯，双击使云台回中或朝下。在 DJI Fly App 中可以自定义设置该按钮的功能。

2.2.3 学会操控摇杆

扫码看教学视频

遥控器上摇杆的操控方式有 3 种，分别是"美国手""日本手""中国手"。遥控器出厂的时候，默认的操控方式是"美国手"。

什么是"美国手"？估计初次接触无人机的用户，可能听不懂这个词，"美国手"就是左摇杆控制飞行器的上升、下降、左转和右转，右摇杆控制飞行器的前进、后退、左移和右移，如图 2-10 所示。

在使用遥控器的过程中，大多数飞手都使用"美国手"操控摇杆。如果用户的无人机不是设置为"美国手"，那么在外借他人的时候，一定要提前做好沟通，并更改摇杆的操控方式。

例如，假设用户设置的是"日本手"摇杆操控方式，那么常规的向上推动左摇杆，就不会使无人机上升了，而是使无人机前进飞行，如果前方有障碍物或者路人的话，那么就很容易造成无人机炸机或者出现伤人事件。

大家最好不要轻易更改摇杆的操控方式，最好一种用到底，混用容易出现操作事故。

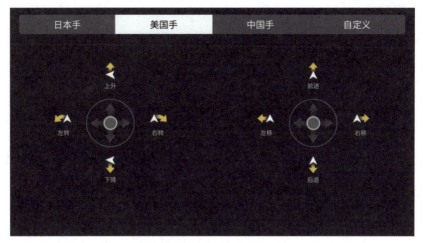

图 2-10 "美国手"摇杆操控方式

2.2.4 认识智能飞行电池

扫码看教学视频

电池是专门为无人机供电的。大疆 Neo 无人机的智能飞行电池是一款带有充放电管理功能的电池,电池容量为 1435mAh,标称电压为 7.3 伏。

在购买无人机的时候,无人机本身会自带一块电池,如果用户升级了购买套餐,那么就会多两块电池,用户在使用飞行器的时候可以交替使用电池。

例如,畅飞套装中包含充电管家,支持 3 块电池同时充电,如图 2-11 所示,最高充电功率可达 60W,能在 1 小时内同时充满 3 块电池。

图 2-11 充电管家

在用充电器充电的时候，尽量不要在电池发热的时候充电。当电量指示灯全部满格的时候，就表示电池已充满电了，需要及时把电池与充电器断开。

大家在为电池充电的时候，一定要选择通风条件好的地方。如果室内温度低于 0℃，可能会出现给电池充不进电的情况。

2.2.5 认识云台相机

大疆 Neo 无人机的云台相机搭载的是单轴云台，如图 2-12 所示，主要实现俯仰角度的调节，俯仰范围为向下 90°至向上 60°。下面为大家介绍具体的参数。

扫码看教学视频

图 2-12 大疆 Neo 无人机的云台相机

❶ 相机参数：配备了 1/2 英寸的传感器，能够捕捉高质量的图像和视频。相机具备 1200 万像素，能够拍摄出清晰、细腻的照片。镜头光圈为 f/2.8，等效焦距为 13.9mm（具有超广角特性），视角宽广，适合拍摄风景和自拍。

❷ 视频录制：支持最高 4K/30fps 的视频录制，同时提供 1080p/60fps 等多种分辨率选项，满足不同场景下的拍摄需求。支持 H.264 视频编码格式，提高视频压缩效率和兼容性。相机具备电子防抖功能，能够在飞行过程中有效减少画面抖动，提高视频画面的稳定性。

2.3 连接无人机与登录DJI Fly账号

为了手动操控无人机的飞行，大疆 Neo 无人机需要在 DJI Fly App 中操作才能实现手动模式的飞行。本节主要介绍连接遥控器与无人机，以及登录 DJI Fly 账号的操作方法。

2.3.1 连接遥控器与无人机

扫码看教学视频

当激活 DJI 设备之后，就可以把遥控器与无人机连接起来，这样就能操控无人机了。下面将为大家介绍如何把 RC 遥控器与无人机连接起来。

步骤 01 开启 RC 遥控器与无人机的电源，在遥控器中进入 DJI Fly App 的主页，点击"连接引导"按钮，如图 2-13 所示。

图 2-13　点击"连接引导"按钮

步骤 02 进入"选择一款飞机"界面，选择 DJI NEO 选项，如图 2-14 所示。

图 2-14　选择 DJI NEO 选项

步骤 03 进入"选择连接方式"界面，选择"仅使用遥控器飞行"选项，如图 2-15 所示。

图 2-15 选择"仅使用遥控器飞行"选项

步骤 04 进入相应的界面，根据提示一步步地操作，如图 2-16 所示，即可成功连接无人机。

图 2-16 进入相应的界面

2.3.2 登录 DJI Fly 账号

扫码看教学视频

对于没有注册过大疆旗下产品账号的新人用户，在登录 DJI Fly App 的时候，需要用手机号码注册相应的账号。如果已经有了 DJI Fly 账号，那么就可以直接登录。下面介绍登录方法。

步骤 01 在 DJI Fly App 的主页中点击"我的"按钮，如图 2-17 所示。

步骤 02 在"我的"界面中点击"点击登录"按钮，如图 2-18 所示。

步骤 03 弹出"登录或注册"对话框，点击"本机号码一键登录"按钮，如图 2-19 所示，快速登录账号。

第2章 快速入门无人机航拍

图 2-17 点击"我的"按钮

图 2-18 点击"点击登录"按钮

图 2-19 点击"本机号码一键登录"按钮

29

2.4 熟悉DJI Fly App

启动 DJI Fly App 之后，进入 DJI Fly App 的主页，首先要熟悉 App 各个主页和界面上的功能，这对飞行和后期都非常有帮助。

2.4.1 认识 DJI Fly App 主页

主页是一启动 DJI Fly App 用户就会见到的画面，如图 2-20 所示。了解和认识 DJI Fly App 主页上的按钮和功能，用户可以更好地使用这款软件。下面带大家一起认识 DJI Fly App 主页。

扫码看教学视频

图 2-20　DJI Fly App 主页

下面详细介绍 DJI Fly App 主页上各按钮的功能。

❶ 搜索栏：在其中可以搜索课程、地点或攻略。

❷ 飞行安全地图：点击该按钮，可以查看或分享附近合适的飞行或拍摄地点，也可以了解限飞区域的相关信息，还可以预览不同地点的航拍图集等。

❸ 手机快传：点击该按钮，可以将无人机或遥控器中的素材快速传输到移动设备（如手机或平板）上。使用该功能，也可以把移动设备与大疆 Neo 无人机进行 Wi-Fi 连接。

❹ 服务与支持：其中包含快捷报修、DJI Care 极速换新、飞丢申报、进度查询、常见问题解答等功能。

❺ 相册：点击该按钮，可以访问飞行器相册及本地相册。

❻ 创作：点击该按钮，可以编辑航拍素材。

❼ 天空之城：点击该按钮，可观看天空之城精彩视频及图片。

❽ 我的：点击该按钮，可查看账户信息及飞行记录；访问 DJI 论坛、DJI 商

城；使用找飞机功能；下载离线地图；其他设置如固件更新、飞行界面、清除缓存、隐私、语言等。

❾ 大疆学堂：点击该按钮，进入大疆学堂，可选择产品类型，查看相应产品的功能教程、玩法攻略、飞行安全和说明书。

❿ 连接引导：点击该按钮，可以连接飞行器；如果已经连接飞行器，点击该按钮，可以进入相机界面。

2.4.2 认识 DJI Fly App 相机界面

认识 DJI Fly App 相机界面中各按钮和图标的功能，可以帮助大家更好地掌握无人机的飞行技巧。在 DJI Fly App 主页中，点击 GO FLY 按钮，即可进入 DJI Fly App 相机界面，如图 2-21 所示。

扫码看教学视频

图 2-21　DJI Fly App 相机界面

下面详细介绍 DJI Fly App 相机界面中各按钮 / 图标的含义及功能。

❶ 返回按钮 ：点击该按钮，可返回到 DJI Fly App 的主页中。

❷ 飞行挡位：当前的飞行挡位是"普通挡"，在 RC-N3 遥控器上可切换挡位至"平稳挡"或"运动挡"。

❸ 飞行器状态指示栏：显示飞行器的飞行状态及各种警示信息。当前显示"飞行中"。

❹ 智能飞行电池信息栏 ：显示当前智能飞行电池电量百分比及剩余可飞行时间，点击可查看更多电池信息。

❺ 图传信号强度 ：显示当前无人机与遥控器之间的图传信号强度，点击该图标，可查看强度。

31

❻ GNSS 状态 ：显示 GNSS 信号强弱，点击该图标，可查看具体 GPS 信号的强度和星数。当图标显示为白色时，表示 GNSS 信号良好，可刷新返航点；当图标显示为红色时，则需要谨慎飞行。

❼ 系统设置按钮 ：系统设置包括安全、操控、拍摄、图传和关于。

❽ 拍摄模式按钮 ：点击该按钮，可以设置具体的拍摄模式。

❾ 拍摄按钮 ：点击该按钮，可触发相机拍照或开始/停止录像。

❿ 回放按钮 ：点击该按钮，查看已拍摄的视频及照片。

⓫ 相机挡位切换按钮 ：在拍照模式下，支持切换 AUTO 和 PRO 挡，不同挡位下可设置的参数不同。

⓬ 曝光值 ：数字为 0 代表曝光正常；负值代表画面暗；正值越大就代表画面越亮。

⓭ 拍摄参数 ：显示当前的拍摄参数，点击该图标，可设置视频的分辨率和帧率参数或者照片的拍摄参数。

⓮ 存储信息栏 ：显示当前机身的存储容量，点击该图标，可展开详情。

⓯ 飞行状态参数 ：显示无人机与返航点水平方向的距离（D）和速度，以及飞行器与返航点垂直方向的距离（H）和速度。

⓰ 地图 ：点击可打开地图面板，或者切换至姿态球。姿态球支持切换以飞行器为中心/以遥控器为中心，会显示飞行器的机头朝向、遥控器、返航点等信息。

⓱ 自动起飞/降落/智能返航按钮 ：当显示自动起飞/降落时，点击该按钮，展开控制面板，长按可以使飞行器自动起飞或降落；当显示智能返航时，点击该按钮，展开控制面板并长按，让飞行器自动返航降落并关闭电机。

⓲ 焦点跟随按钮 ：点击该按钮，可以开启跟随模式。

2.5 设置照片比例和视频参数

在大疆 Neo 无人机上设置照片比例和视频参数，可以通过 DJI Fly App 来完成。本节将为大家介绍相应的操作技巧。

2.5.1 设置照片比例来拍摄画面

大疆 Neo 无人机提供了两种照片拍摄模式，有单拍模式和定时模式，如图 2-22 所示。其中，定时模式适用于自拍场景。

扫码看教学视频

图 2-22 两种照片拍摄模式

照片有两种比例可供选择，分别为 4∶3 和 16∶9，如图 2-23 所示，用户可根据实际需要在"拍摄"设置界面中选择相应的照片比例。

图 2-24 所示为 4∶3 比例的照片；图 2-25 所示为 16∶9 比例的照片。

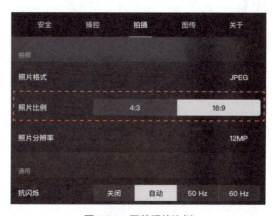

图 2-23 两种照片比例

图 2-24　4∶3 比例的照片

图 2-25　16∶9 比例的照片

2.5.2 设置视频参数开启竖拍模式

扫码看教学视频

在设置大疆 Neo 无人机的视频拍摄参数时,帧率和分辨率都是可以变动的。目前,大疆 Neo 无人机最高支持 4K 视频的拍摄。

由于固件版本的更新,大疆 Neo 无人机也支持一键竖拍了,只需要更改视频的分辨率参数,即可实现。下面为大家介绍具体的操作方法。

步骤 01 ❶ 在 DJI Fly App 相机界面中点击"分辨率帧率"按钮;❷ 设置参数为 1080p(9∶16),如图 2-26 所示,即可开启竖屏模式。

图 2-26 设置参数为 1080p(9∶16)

步骤 02 点击拍摄按钮 ⬤,如图 2-27 所示,就可以拍摄竖屏视频。

图 2-27 点击拍摄按钮

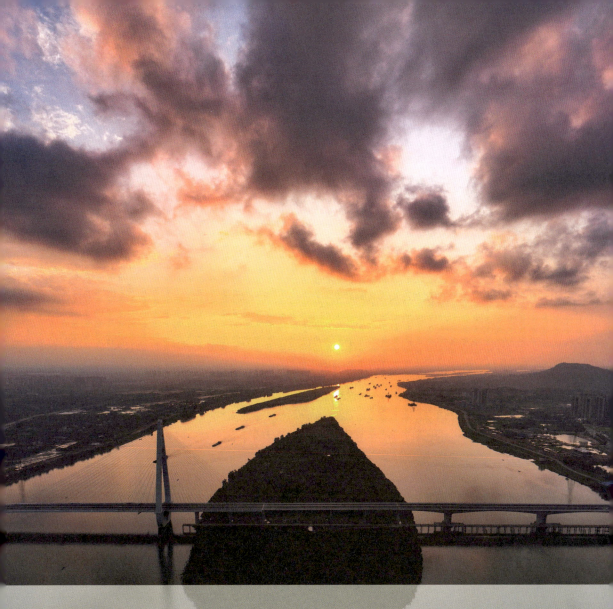

第 3 章
学会构图来美化画面

本章要点

通过无人机的视角,人们以前所未有的高度俯瞰大地,捕捉到那些从地面难以触及的壮观景象。在航拍时,构图技巧至关重要,发现美的眼睛也很重要。构图之美,在于其对线条、形状、色彩和光影的极致运用。利用无人机的机动性,人们可以从多个角度探索同一场景的不同面貌,发现那些独特的视角和瞬间,从而创造出富有冲击力的视觉效果。本章将为大家介绍相应的构图知识和技巧。

3.1 构图入门：了解原理和关键元素

构图是一个造型艺术术语，它源于西方的美术领域，并在绘画、平面设计、摄影等视觉艺术中得到了广泛应用。本节将为大家介绍构图的原理和关键元素。

3.1.1 什么是构图

构图指的是在视觉艺术创作中，有组织、有意识的安排与布局画面内的元素（如形状、线条、色彩、光影以及具体物体等），以形成具有特定意义和视觉效果的画面结构。它关乎于如何运用空间、比例、平衡、对比、节奏等原则，来引导观众的视线流动，表达情感，传递信息，强化主题。

在航拍摄影中，构图是创作过程中至关重要的环节。成功的构图能够增强作品的视觉冲击力，使其更加引人入胜，同时也有助于深化作品的主题和意境。用户通过精心设计构图，能够将自己的创意、情感和观点有效地传达给观众，实现用户与观众之间的视觉与情感交流。

通过巧妙的构图，用户可以强调作品中的主体，安排好画面中的元素，如图 3-1 所示，使其主体加鲜明、突出，从而引导观众更好地理解和感受作品。

图 3-1 安排好画面中的元素

3.1.2 构图的原则

扫码看教学视频

构图是航拍摄影中的一个重要环节,它指的是在作品中安排和处理画面中各个元素的关系,以达到使画面和谐、平衡、富有表现力的目的。下面是一些基本的构图原则。

❶ 主从原则:画面中应该有一个明确的主体,其他元素作为陪衬,为主体服务。图 3-2 中的塔是主体,周围的树木和建筑则作为陪体,起到陪衬的作用。

图 3-2 塔是主体,周围的树木和建筑是陪体

❷ 三分法原则:将画面用两条垂直线和两条水平线分割成 9 个等大的部分,将重要的画面元素放置在这些线条的交点处或者沿着这些线条放置。

❸ 黄金分割原则:类似于三分法,它是基于黄金比例来安排画面元素的,以产生视觉上的和谐。

❹ 对称与均衡原则:通过对称或均衡的布局,可以使画面显得稳定。对称构图给人以正式、庄重的感觉,而均衡构图则更加灵活。

❺ 对比与统一原则:通过形状、色彩、光线、纹理等元素的对比,可以增强画面的吸引力,但同时也要注意整体的统一性,避免过于杂乱。

❻ 节奏与韵律原则:通过重复某些元素或形状,可以在画面中创造节奏感,引导观众的视线流动。

❼ 视角与空间原则:选择合适的视角可以强化画面的空间感,如使用透视法可以创造出深度感。

❽ 简化原则:去除不必要的元素,让画面更加简洁有力。

❾ 光影处理原则:光影的明暗对比可以增强画面的立体感和戏剧性。

❿ 色彩搭配原则:合理的色彩搭配可以影响画面的情感表达和视觉冲击力。

在遵循这些原则的同时，航拍用户还需要根据创作的内容和意图灵活运用，有时为了表达特定的情感或视觉效果，也可以打破常规的构图原则。

3.1.3 构图的3要素

构图的3要素就是点、线、面，一幅摄影作品从平面结构上来说，主要由点、线、面构成。首先来看图3-3所示的照片，看看大家能否找到画面中的点、线、面？

扫码看教学视频

图3-3 航拍照片

在剖析照片的构图要素之前，先对点、线、面的基本概念进行简单介绍。

❶ 点：点就是画面中的聚焦点，这个点往往作为画面的主体来体现，点可以分为单点、两点或散点，它们有点睛的作用，能够产生积聚视线的效果。

❷ 线：线是指物体形成的自然线条，或者是色彩、光影形成的边缘线条，线条具有延伸和引导方向的特性，能引导观众的视线。

❸ 面：面是指一个画面中色彩和光影形成的面积，通常由连续的线形成。一般而言，对于面的要求往往比较低，只要掌握了点和线的运用，那么这张照片给人的感觉就很舒服了。

了解点、线、面的基本概念之后，接下来一起剖析上面这张照片。首先来看画面中的"点"。这个"点"并非严格的点状物体，各种形态的物体都可以当作"点"来看待。从整个画面来看，白色的塔就是一个点，这座塔的颜色和形状非常显眼，能聚集观众的视线，它就是画面中的主体对象。

这幅作品中的"线"有哪些呢？最明显的就是草地上的曲线印记。除此之外还有两条线，一条是云层的放射线，还有一条就是山峰与天边的交际线。

而"面"就是在点和线的基础上，通过一定的连接形成的，如地面、水面、天空等。

3.2 构图角度：展现不同的视觉效果

构图角度在摄影和摄像中起着至关重要的作用，它决定了观众如何看到和理解图像。本节将为大家介绍一些航拍角度和拍摄技巧。

3.2.1 从平视角度航拍

平视是指在用无人机拍摄时，平行取景，取景镜头与被摄物体的高度一致。下面介绍一些平视角度的特点。

扫码看教学视频

❶ 展现真实比例和细节：平视角度拍摄能够真实地反映被摄对象的比例和细节，使画面显得自然、平衡，如图 3-4 所示。

图 3-4 展现真实比例和细节

❷ 增强画面的稳定性：平视角度拍摄的画面通常更加稳定，不会出现因角度倾斜而产生的视觉不适。这种稳定性有助于观众更好地理解和接受画面内容。

❸ 便于构图和后期处理：以平视角度拍摄可以使构图更加直观和简单，用户可以更容易地控制画面的布局和元素。同时，也便于后期处理，如裁剪、调色等。

以平视的角度拍摄可以让画面更加亲切，也符合人们的视觉观察习惯。下面介绍一些平视角度的拍摄技巧。

❶ 选择合适的拍摄高度：为了保持平视角度，用户需要选择合适的拍摄高度。通常，与被摄对象保持同一水平线的高度是最佳的选择。

❷ 注意光线和阴影：当以平视角度拍摄时，光线和阴影对画面的影响尤为显著。用户需要仔细观察光线的方向，确保画面中的阴影和光斑不会干扰主题的表达。

❸ 利用前景和背景：当以平视角度拍摄时，前景和背景的搭配同样重要。用户可以选择有趣的前景元素来引导观众的视线，同时确保背景不会过于杂乱或干扰主题。通过合理的构图和布局，可以创造出更具层次感和深度的画面。

3.2.2 从俯视角度航拍

扫码看教学视频

俯视，简而言之就是要选择一个比主体更高的拍摄位置，主体所在平面与摄影者所在平面形成一个相对大的夹角。下面介绍一些俯视角度的特点。

❶ 提供宽广的视野：俯视角度能够捕捉到更广阔的场景，使观者视野能够清晰地看到整个布局与结构。在航拍摄影中，能够展现出大地、山川、城市等自然景观与人文景观的壮丽全貌。图 3-5 所示为俯视角度下的山川湖泊。

图 3-5 俯视角度下的山川湖泊

❷ 强调空间层次感：通过不同高度、颜色、纹理的对比，俯视角度能够增强画面的立体感和深度。这种角度能有效避免透视变形，使被描绘对象的形状更

加准确、比例更加协调。

❸ 简化背景：俯视角度能够避开地平线上杂乱的景物，找到水面、草地等单纯的景物作为背景，从而简化构图。

❹ 营造特定氛围：俯视角度能够营造出一种权威或在掌控下的氛围，常用于表现主角的优越地位或场景的宏大感。

介绍了俯视角度的特点之后，下面为大家介绍一些俯视角度的拍摄技巧。

❶ 选择合适的俯视角度：根据被摄对象的特点和创作需求，选择合适的俯视角度进行拍摄。例如，无人机相机镜头垂直 90°朝下，航拍公园风光，如图 3-6 所示。

图 3-6　相机镜头垂直 90°朝下航拍公园风光

❷ 注意透视变化：在俯视角度下，事物比例会发生变化，需要了解透视原理并调整好比例关系。摄影师可以利用广角镜头或长焦镜头来捕捉不同的透视效果。

❸ 利用光影效果：借助光影效果来突出画面主体，营造立体感。摄影师可以利用自然光或人工光源来照亮被摄对象，形成明暗对比，引导观众的视线。

3.2.3　从仰视角度航拍

随着无人机技术的进步，目前大疆 Neo 无人机的仰拍角度可达 60°，这使得用户在航拍时能够捕捉到具有视觉冲击力的画面。下面介绍一些仰视角度的特点。

扫码看教学视频

❶ 突出主体：仰视拍摄可以使主体显得更加高大宏伟，画面的空间立体感

也会很强烈。以仰视角度拍摄，可以舍弃杂乱的背景，从而更加突出主体，如图3-7所示。

图 3-7 仰拍突出主体

❷ 增强视觉冲击力：当以仰视角度拍摄时，主体会产生下宽上窄的变形效果，这种变形效果随着仰视角度的增大而变得更加夸张，从而带来更强的视觉冲击。

❸ 丰富画面内容：仰视拍摄可以捕捉到一些平时难以观察到的视角，如建筑的高处、树木的顶端等，为画面增添新的元素和细节。

❹ 表达特定情感：仰视角度可以营造出一种庄严、伟大或上升的视觉效果，有助于表达特定的情感或氛围。

在航拍建筑、高大的主体时，仰拍角度可以给观者带来不一样的视觉感受。下面为大家介绍一些仰视角度的拍摄技巧。

❶ 选择合适的角度：根据拍摄主题和想要表达的效果，选择合适的仰视角度。一般来说，不同的仰视角度会带来不同的视觉效果。

❷ 使用广角镜头：当仰视拍摄时，使用广角镜头可以捕捉更多的画面内容，同时强化近大远小的透视关系，使主体显得更加宏伟。

❸ 注意曝光：在仰视拍摄时，由于大面积的亮部（如天空）会影响相机的测光结果，因此建议注意曝光，以确保拍出曝光理想的作品。

3.3 构图实战：使画面更加和谐、美观

在航拍实战中，要使画面更加和谐、美观，需要综合考虑多个因素，包括被

摄对象的选择、光线的运用、色彩搭配及视角的选取等。本节将介绍一些实用的构图技巧和建议，帮助大家提升作品的艺术性和视觉冲击力。

3.3.1 三分法构图

三分法构图通过将画面划分为九等份，并将重要的视觉元素放置在三分线或其交点上。下面介绍一些三分法构图的特点。

扫码看教学视频

❶ 平衡与稳定：三分法构图常用于表现平静如镜的湖面、一望无际的平川、宁静的乡村等场景，能够营造出宁静、舒适的氛围，如图3-8所示。

图 3-8　宁静的乡村

❷ 引导视线：三分法构图能够引导观众的视线在画面中流动。通过将主体放置在三分线的交点上，观众的视线会自然地被吸引到这些位置，从而按照用户的意图浏览整个画面。

❸ 增强美感：三分法构图有助于增强画面的美感。通过将画面划分为不同的部分，并在这些部分安排不同的视觉元素，可以使画面看起来更加生动、有趣，增强视觉冲击力。

如何使用三分法构图呢？下面介绍一些技巧。

❶ 确定三分线：在拍摄前，先想象画面被两条垂直线和两条水平线划分为九等份。这些线就是三分线，它们的交点就是视觉上的兴趣点。

❷ 放置主体：将画面的主体放置在三分线或其交点上。主体可以是人物、动物、建筑或其他重要的视觉元素。这样做可以使主体在画面中更加突出，同时保持画面的平衡。

❸ 注意留白：在三分法构图中，留白同样重要。通过在画面中留出一些空白区域，可以使画面看起来更加简洁、明了。这些空白区域还可以为观众的视线提供足够的空间进行流动和停留。

3.3.2 透视构图

透视构图是一种利用透视原理来创造深度和空间感的构图技巧。下面介绍透视构图的一些特点。

扫码看教学视频

❶ 近大远小：这是透视构图的基本原则，即距离观察者越近的物体在画面中显得越大，距离观察者越远的物体则显得越小。这一原则有助于表现空间感和深度感。

❷ 消失点：在透视构图中，物体向远处延伸的线条最终会汇聚到一个或多个点上，这些点被称为消失点。消失点的位置和数量取决于透视的类型（如一点透视、两点透视、三点透视等）。

❸ 线条引导：透视构图中的线条往往具有引导作用，能够引导观众的视线沿着特定的方向移动，从而增强画面的层次感和空间感，如图3-9所示。

图3-9 线条引导

❹ 空间压缩：随着物体向远处延伸，它们在画面中占据的空间会逐渐减小，这种空间压缩效果有助于表现深远的场景。

在透视构图中，通过合理地安排物体的位置和大小关系，可以创造出具有节奏感和韵律感的画面。下面介绍一些构图技巧。

❶ 选择合适的透视类型：根据场景和画面的表现需求来选择，有一点透视、两点透视和三点透视。

❷ 确定消失点的位置：消失点的位置对于画面的整体效果至关重要。在一点透视中，消失点通常位于视平线上，并稍微偏移画面中心。在两点透视中，两个消失点分别位于视平线的两侧。在三点透视中，除了两个水平方向上的消失点，还有一个垂直方向上的消失点。

❸ 利用线条引导视线：在透视构图中，可以利用物体的轮廓线、边缘线等线条来引导观众的视线。这些线条可以平行于画面，也可以与画面形成一定的角度。通过巧妙地运用这些线条，可以创造出富有节奏感和动感的画面。

❹ 注意物体的比例和大小关系：在透视构图中，需要准确地把握物体的比例和大小关系。近处的物体应该比远处的物体更大、更详细，如图3-10所示，以表现出空间感和深度感。同时，还需要注意物体之间的相对大小和位置关系，以确保整体协调性和平衡感。

图3-10　近处的物体比远处的物体更大、更详细

❺ 选择合适的视平线和视角：视平线位置和视角的选择对于画面的整体效果具有重要影响。视平线通常位于画面的中下部，以表现出地面的延伸感和深度感。视角的选择则取决于想要表现的场景和氛围。例如，俯视角度可以表现广阔的场景和宏大的气势，而仰视角度则可以突出建筑物的高大和雄伟。

3.3.3 前景构图

扫码看教学视频

前景构图是摄影中一种重要的构图方式,它利用位于主体之前的景物作为前景,通过前景与主体的相互关系,营造出丰富的画面效果和视觉冲击力。下面介绍前景构图的特点。

❶ 突出主体:前景构图可以有效地突出照片的主体,通过前景的引导或遮挡,使观众的视线更加集中地投向主体。前景与主体的对比,可以强化主体的视觉效果,使主体更加鲜明。

❷ 增强画面层次感:前景的加入可以平衡画面重心,拉伸纵向空间,增强画面的层次感和立体感。

❸ 烘托气氛:前景可以选择具有特定色彩或形态的物体,以烘托画面的气氛和情绪。图 3-11 所示为以彩色的树木为前景航拍的建筑画面,展现诗意感。

图 3-11 以彩色的树木为前景

❹ 丰富画面内容:前景可以作为画面的点缀,增加画面的趣味性和故事性。如树木、建筑等前景,可以丰富画面的内容和表现力。

通过巧妙地运用前景构图,用户可以创造出更具吸引力和艺术感的摄影作品。下面介绍一些技巧。

❶ 选择合适的前景:根据拍摄主题和场景,选择适合作为前景的物体。前景应具有与主体相协调的色彩、形态和质感。

❷ 控制前景的虚实:通过调整镜头的焦距、光圈大小和拍摄距离,控制前景的虚化程度。

❸ **利用前景的引导性**：选择具有引导视线作用的线条或动态方向作为前景，引导观众的视线投向主体。如利用道路作为前景，形成视觉上的引导线。

❹ **注意前景与主体的关系**：前景不能遮挡主体的关键部分，以免影响观众对主体的识别。前景的表现力应弱于主体，以避免喧宾夺主。

❺ **创意运用前景**：尝试不同的前景构图方式，如框架式前景、引导式前景、虚化式前景等，创造出独特的视觉效果和画面意境。

❻ **结合其他构图元素**：在运用前景构图的同时，结合其他构图元素如线条、形状、色彩等，共同营造出更加丰富的画面效果。注意画面的平衡和美感，确保前景与主体、背景之间的和谐统一。

3.3.4 中心构图

中心构图是一种应用比较广泛的构图方法，下面介绍一些中心构图的特点。

扫码看教学视频

❶ **主体突出**：中心构图通过将主体放置在画面中心，使观众的视线能够迅速而准确地捕捉到画面的核心信息，从而突出主体，如图3-12所示。

图3-12 主体突出

❷ **聚焦醒目**：这种构图方式具有明确的视觉引导效果，使画面主题鲜明、重点突出，给人以直观而强烈的视觉印象。

❸ **平衡和谐**：通过将主体置于画面中心，使得画面呈现出一种天然的平衡感，使画面看起来更加稳定、和谐。

虽然中心构图具有突出主体的优点，但过于依赖这种构图方式可能导致画面显得呆板。因此，应尝试通过其他手法来增加画面的变化和趣味性。下面介绍一些技巧。

❶ 简化背景：在运用中心构图时，应尽量避免凌乱的背景，以免分散观众的注意力，可以通过选择简洁的背景或与主体有较大对比的背景来凸显主题。

❷ 利用线条和形状：在画面中央使用线条或形状可以进一步吸引观众的注意力。这些线条和形状可以是自然的，也可以是人为添加的，如引导线、框架等。

❸ 对比手法：通过对比手法，如颜色对比、明暗对比等，来增强画面的视觉冲击力。这些对比手法可以使主体更加突出，使画面更加生动。

❹ 善用前景：利用前景元素来增强画面的层次感和空间感，同时引导观众的视线向中心主体聚焦。

❺ 角度变化：尝试不同的拍摄角度，如低角度、高角度等，以增加画面的动感和变化，避免中心构图可能带来的单调感。

❻ 光线运用：合理运用光线来突出主体，如使用侧光、逆光等，使主体更加立体、生动。

3.3.5 对称构图

对称构图是利用画面中景物的对称关系来构建画面的，从而营造出平衡、稳定和相呼应的视觉效果。下面介绍对称构图的特点。

扫码看教学视频

❶ 平衡感：对称构图通过两边的形状、大小、色彩等元素的一致性和相互呼应，形成视觉上的平衡，使画面显得稳定、和谐，如图 3-13 所示。

图 3-13　具有平衡感的画面

❷ 稳定性：对称构图给人一种整体稳定的感受，无论画面中的元素如何变化，都能保持一种稳定的基调。

❸ 相呼应：画面中的对称元素在视觉上形成一种呼应关系，增强了画面的统一性和整体感。

❹ 美感：对称构图符合人类大脑对"平衡"与"稳定"的审美需求，能够传递出一种秩序感，从而让人感受到美感。

对称构图具有平衡感、稳定性、相呼应和美感等特点，在拍摄时，可以利用以下技巧来创作。

❶ 寻找对称元素：在拍摄前，要仔细观察场景，寻找具有对称特点的元素，如建筑、自然景观、静物等。这些元素可以是对称的线条、形状、色彩等，作为形成对称式构图的基础。

❷ 确定对称轴：在找到对称元素后，需要确定一个对称轴，将画面一分为二，形成对称的效果。对称轴可以是水平线、垂直线或斜线，具体取决于场景和主题。

3.3.6 曲线构图

扫码看教学视频

曲线构图通过使用曲线来引导观众的视线，增加画面的动感和流畅感。下面介绍曲线构图的特点。

❶ 自然与和谐：曲线通常给人以自然、柔和的感觉，容易创造出和谐的画面。

❷ 动感与流动性：曲线能够表现出运动的方向或流动的感觉，使画面显得更加生动，如图3-14所示。

图3-14　动感与流动性

❸引导视线：曲线可以有效地引导观看者的视线在画面上移动，从一个点到另一个点，提升观众的观赏体验。

❹情感表达：不同的曲线（如S形、C形等）可以传达不同的情感或情绪。

通过合理运用曲线构图技巧，可以使画面更加生动、有趣，更具艺术感染力。下面介绍一些技巧。

❶寻找自然曲线：利用环境中已有的自然曲线元素，比如河流、道路、桥梁、海岸线或者人体的姿态等。

❷创造曲线：当自然环境中缺乏明显的曲线时，可以通过摆放物体、调整拍摄角度或后期处理等方式来创造曲线。

❸S形构图：S形是一种非常受欢迎的曲线构图方式，它模仿了字母"S"的形状，能给画面带来优雅和流畅的感觉。

❹C形构图：C形构图可以将主体包围在一个半圆形内，产生一种保护或聚焦的效果，如图3-15所示。

图 3-15　C 形构图

❺对角线：使用对角线形成的曲线构图可以使画面更具动态感，打破水平和垂直线条带来的静态效果。

❻考虑背景和前景：注意曲线与背景和前景的关系，选择适当的对比度和颜色搭配，以突出曲线的重要性。

第 4 章
掌握基础的飞行动作

本章要点

掌握基础的飞行动作对于飞行安全、飞行效率及航拍质量等都具有重要作用。例如,掌握前进飞行和后退飞行等动作,可以帮助用户更快地定位到目标区域,提高飞行效率;通过环绕飞行和侧飞等动作,用户可以更有效地规划飞行路径,减少不必要的飞行时间,提高拍摄效率;运用这些飞行动作,还可拍摄各种运动镜头,让画面更具动感。本章将为大家介绍相应的飞行动作,使拍摄的画面更加生动、有趣。

4.1 入门动作：巩固飞行基础

对飞行无人机的新手来说，巩固基础是非常重要的。这不仅能帮助用户更好地控制无人机，还能确保飞行安全。本节将介绍一些入门级的无人机飞行动作，可以帮助大家打好基础。

4.1.1 上升飞行

扫码看教学视频

上升飞行是无人机航拍中的基础和初级动作，飞行无人机的第一件事就是向上飞行。用上升镜头可以慢慢地展示建筑和其周围的环境，如图 4-1 所示。

图 4-1　上升飞行

下面介绍拍摄方法。

❶ 让无人机降低高度，以建筑为前景。

❷ 将左侧的摇杆向上推动，让无人机上升飞行，拍摄夕阳。

4.1.2 下降飞行

在让无人机下降飞行的时候，随着无人机高度的降低，画面信息量逐渐减少，主体变得突出，如图 4-2 所示。

扫码看教学视频

图 4-2 下降飞行

下面介绍拍摄方法。

❶ 让无人机飞升至建筑的上空。

❷ 将左侧的摇杆向下推动，让无人机向下飞行，拍摄到建筑。

4.1.3 前进飞行

扫码看教学视频

前进飞行主要有两种使用情境，第一种是无目标地往前飞行，主要用来交代影片的环境；第二种是对准目标向前飞行，画面的目标会由小变大，如图4-3所示。

图4-3 前进飞行

下面介绍拍摄方法。

❶ 让无人机飞到一定的高度，以建筑为目标。

❷ 将右侧的摇杆向上推动，让无人机前进飞行，拍摄建筑。

4.1.4 后退飞行

后退飞行主要用来展示主体和其周围的环境,让主体在画面中显现出来,可以用来揭示人物出场,如图4-4所示。

扫码看教学视频

图4-4 后退飞行

下面介绍拍摄方法。

❶ 让无人机飞到人物的前面,拍摄风光。

❷ 将右侧的摇杆向下推动,让无人机后退飞行,越过人物,拍摄大环境。

4.1.5 向左飞行

扫码看教学视频

在让无人机向左飞行的时候，可以先找寻一个前景，这样在飞行的时候，前景能不断地变化，从而使画面具有流动感，如图 4-5 所示。

图 4-5 向左飞行

下面介绍拍摄方法。

❶ 让无人机飞到一定的高度，以树木、道路和大桥为前景。

❷ 将右侧的摇杆向左推动，让无人机向左飞行，拍摄晚霞。

4.1.6 向右飞行

向右飞行是指让无人机从左侧飞向右侧,从左向右地展示画面。随着飞行方向的改变,观众可以感受到画面中的空间和深度也在不断变化,增加了视觉上的层次感,如图4-6所示。

扫码看教学视频

图4-6 向右飞行

下面介绍拍摄方法。

❶ 让无人机飞到一定的高度,并微微俯拍。

❷ 将右侧的摇杆向右推动,让无人机向右飞行,拍摄城市建筑和落日。

4.1.7 向左旋转飞行

扫码看教学视频

向左旋转飞行是指让无人机飞到高空，向左推动左侧的摇杆，让无人机向左旋转飞行。图 4-7 所示为一段向左旋转飞行的镜头，无人机在景区上空向左旋转飞行拍摄，展现美丽的川西风光。

图 4-7 向左旋转飞行

下面介绍拍摄方法。

❶ 让无人机飞到一定的高度，拍摄山脉和草地。

❷ 将左侧的摇杆向左推动，让无人机向左旋转飞行，拍摄风光。

4.1.8 向右旋转飞行

扫码看教学视频

随着无人机的旋转飞行，拍摄视角会发生相应的变化。观众可以通过这种视角的转换来观察到不同方向、不同角度的景物，从而丰富画面的内容和层次，如图 4-8 所示。

图 4-8 向右旋转飞行

下面介绍拍摄方法。

❶ 让无人机飞到一定的高度，拍摄城市。
❷ 将左侧的摇杆向右推动，让无人机向右旋转飞行，拍摄城市落日。

4.2 进阶动作：逐渐提升技术能力

在掌握了一定的入门飞行动作之后，接下来就可以学习进阶飞行动作技巧，提升飞行技术和水平，使拍摄出来的航拍视频更加酷炫。本节将为大家介绍相应的技巧。

4.2.1 顺时针环绕飞行

扫码看教学视频

环绕运镜也叫"刷锅"，是指无人机围绕某个物体做圆周运动，包括向左和向右环绕。在环绕飞行之前，最好先找到环绕中心，如建筑、人物等物体。比如以杜甫江阁为主体，从建筑的一面顺时针环绕，拍摄到建筑的另一侧，如图4-9所示。

图 4-9 顺时针环绕飞行

下面介绍拍摄方法。

❶ 让无人机飞到一定的高度，俯拍杜甫江阁。

❷ 右侧的摇杆向左推动,让无人机向左飞行。

❸ 同时,将左侧的摇杆向右推动,让无人机进行顺时针环绕飞行。

4.2.2 逆时针环绕飞行

逆时针环绕飞行的方向和顺时针环绕的方向相反。以银盆岭大桥上方的建筑为主体,环绕拍摄,可以看到主体和其周围的背景都发生了角度变化,如图4-10所示。

扫码看教学视频

图4-10 逆时针环绕飞行

下面介绍拍摄方法。

❶ 让无人机飞到一定的高度,从侧面拍摄银盆岭大桥。

❷ 将右侧的摇杆向右推动,让无人机向右飞行。

❸ 同时,将左侧的摇杆向左推动,让无人机进行逆时针环绕飞行。

4.2.3 上升俯视飞行

通过拨动遥控器上的俯仰控制拨轮，可以让无人机相机镜头进行仰拍或者俯拍，这样就能丰富视频画面。上升俯视飞行是指让无人机在上升飞行的同时进行俯拍，展现不一样的航拍视角，画面更有空间感，如图 4-11 所示。

图 4-11 上升俯视飞行

下面介绍拍摄方法。

❶ 让无人机飞到一定的高度，平拍建筑。
❷ 将左侧的摇杆向上推动，让无人机上升飞行。
❸ 同时，向左拨动云台俯仰拨轮，让无人机进行上升俯视飞行。

4.2.4 拉高上抬飞行

扫码看教学视频

拉高上抬飞行是将拉高飞行和上抬仰拍组合在一起的飞行动作，能够在展示被摄主体所处环境的同时，通过上抬镜头逐渐展现更广阔的空间背景，从而呈现环境的变迁和扩展，如图 4-12 所示。

图 4-12　拉高上抬飞行

下面介绍拍摄方法。

❶ 让无人机飞到一定的高度，俯拍汽车。

❷ 向下推动右侧的摇杆，并向上推动左侧的摇杆，让无人机拉高飞行。

❸ 同时，向右拨动云台俯仰拨轮，让无人机进行拉高上抬飞行。

第 5 章
用好 Neo 的航拍模式

本章要点

大疆 Neo 无人机作为一款轻便的掌上无人机,提供了多种航拍模式,包括跟随模式、渐远模式、环绕模式、冲天模式、聚焦模式等。每种模式都有其独特的拍摄效果和适用场景。在使用大疆 Neo 无人机的时候,不同的连接方式可以使用的模式也有差异。本章将介绍两种控制方式和 6 种航拍模式,帮助大家用好 Neo 的航拍模式。

5.1 两种控制方式

控制大疆 Neo 无人机中的航拍模式，可以有多种方式，其中的遥控器控制方式，在第 2 章的 2.3.1 小节中已经介绍了。本节将为大家介绍常用的两种控制方式。

5.1.1 启动机身自带的模式

在启动机身自带的模式之前，需要确保大疆 Neo 无人机电池充满电，且已正确安装在无人机上。然后，短按机身电源按钮一次，再

扫码看教学视频

长按两秒，打开无人机电源，等待其自检完成，就可以启动机身自带的模式了。下面为大家介绍相应的技巧。

步骤 01 Neo 无人机有 6 个模式，分别为跟随、渐远、环绕、冲天、聚焦和定向跟随模式，短按一次模式按钮，如图 5-1 所示，即可切换模式。

步骤 02 把无人机镜头对准自己，选择"渐远"模式，再长按模式按钮两秒后松开手，无人机即可自动起飞，如图 5-2 所示。

步骤 03 此时，可以看到无人机自己开启渐远模式，飞到一定的高度和距离，如图 5-3 所示。

步骤 04 拍摄完成后，无人机会自动回到起飞点，用户只需要把手放在无人机的下面，如图 5-4 所示，它就会自动降落在用户的手掌上。

图 5-1 短按一次模式按钮

图 5-2 无人机自动起飞

图 5-3 无人机飞到一定的高度和距离

图 5-4 把手放在无人机的下面

5.1.2 连接手机 App 选择模式

扫码看教学视频

大疆 Neo 无人机可通过 Wi-Fi 与 DJI Fly App 连接，用户可以在应用程序上进行参数调整和虚拟操纵杆控制。不过，在这种模式下无法切换飞行挡位。下面为大家介绍相应的技巧。

步骤 01 开启大疆 Neo 无人机的电源，打开手机中的 DJI Fly App，进入主页，点击"手机快传"按钮，如图 5-5 所示。

图 5-5 点击"手机快传"按钮

步骤 02 弹出"Wi-Fi 连接"面板，选择 DJI-NEO-CE94 选项，如图 5-6 所示。

图 5-6 选择 DJI-NEO-CE94 选项

步骤 03 连接成功之后，弹出"选择合适的飞行环境"界面，点击"我知道了"按钮，如图 5-7 所示。

步骤 04 进入相应的界面，如果用户是新手，可以点击"立即开始"按钮，进行首次飞行学习。如果不需要学习，❶点击右上角的"跳过"按钮，弹出"确认跳过"面板；❷点击"跳过"按钮，如图 5-8 所示，跳过新手练习。

步骤05 即可进入"遥控"界面,如图 5-9 所示。

图 5-7 点击"我知道了"按钮　图 5-8 点击"跳过"按钮　图 5-9 进入"遥控"界面

下面详细介绍 DJI Fly App "遥控"界面中各按钮 / 图标的含义及功能。

❶ 返回按钮 ＜：点击该按钮,可返回到 DJI Fly App 的主页中。

❷ 飞行器状态指示栏:显示飞行器的飞行状态及各种警示信息。当前显示"可以起飞"。

❸ 智能飞行电池信息栏 ⬤ 00'00"：显示当前智能飞行电池电量百分比及剩余可飞行时间,点击可查看更多电池信息。

❹ Wi-Fi 强度 🛜：显示手机与飞行器连接的 Wi-Fi 信号强度,距离越近,信号越强。二者之间的距离如果超过 50 米,可能会断联。

❺ 语音控制按钮 🎙：点击该按钮,可以语音控制无人机。

❻ 收音按钮 🎙：点击该按钮,在拍摄视频的时候,可以用手机录制声音。目前是静音关闭的状态。

❼ 拍摄模式按钮 👤 自定义-定向跟随 ～：点击该按钮,可以设置具体的拍摄模式。

❽ 降落按钮 ⬇：点击该按钮,可以降落无人机。

❾ 云台控制按钮 ⋮：按住该按钮上滑或者下滑,可以调节云台的俯仰角度。

❿ 开始按钮 🟢：点击该按钮,可以让无人机开始飞行并拍摄。

⑪ 参数设置按钮 定向跟随|平拍|近距离|录像：点击该按钮，可以设置相应的飞行参数。

⑫ "相册"按钮：点击该按钮，可以查看拍摄好的照片和视频素材。

⑬ "遥控"按钮：点击该按钮，可以切换到遥控模式。

⑭ "设置"按钮：点击该按钮，可以设置"智能拍摄"模式的参数、拍照参数、录像参数、App 收音、存储、安全、操控、关于等。

为了让用户更加熟悉该界面的照片拍摄和视频录像功能，下面继续介绍该界面中的其他按钮和功能。

步骤 01 ❶ 在"遥控"界面中设置拍摄模式为"手动操控"；❷ 可以看到飞行控制按钮，左右手配合操作，就可以控制无人机的飞行；❸ 点击拍摄按钮，可以拍摄照片；❹ 点击照片/录像切换按钮，如图 5-10 所示，即可切换到视频录像模式。

步骤 02 点击拍摄按钮●，如图 5-11 所示，即可拍摄视频。再次点击拍摄按钮，可以停止录像。

图 5-10　点击照片/录像切换按钮

图 5-11　点击拍摄按钮

※ 温馨提示

Neo 无人机还有一种控制模式，那就是连接飞行眼镜，开启 M 挡，体验穿越机玩法。因为这个飞行眼镜不常用，本节就不介绍了，不过连接原理是差不多的。

5.2 6种航拍模式

大疆 Neo 无人机具备多种航拍模式，这些模式为用户提供了丰富的拍摄选择和创作空间。本节将为大家介绍大疆 Neo 无人机的主要航拍模式，并介绍相应的拍摄技巧，帮助大家拍出动感视频。

5.2.1 跟随模式

扫码看教学视频

跟随模式是 Neo 无人机的默认模式，无人机会在被摄者的后方跟随拍摄。开机选择此模式后，无人机会对被摄者进行人脸识别，当被摄者转身移动后，它便开始跟随拍摄，视频效果如图 5-12 所示。

图 5-12 跟随模式视频效果

下面介绍拍摄方法。

步骤 01 打开 DJI Fly App，将镜头对准人物，点击语音控制按钮 ●，如图 5-13 所示。

步骤 02 发出"跟随"的语音，无人机会自动选择"跟随"模式，如图 5-14 所示。

步骤 03 自动框选人物作为主体，在人物奔跑的时候，无人机自动在人物背面跟随拍摄，如图 5-15 所示。如果需要停止跟随，可以点击 STOP（暂停）按钮，停止拍摄。

图 5-13 点击语音控制按钮　　图 5-14 选择"跟随"模式　　图 5-15 无人机跟随拍摄

5.2.2 渐远模式

渐远模式将拍摄两段视频，分别为渐远和渐近。无人机从被摄者面前起飞，后退飞远，然后再飞向被摄者进行渐近拍摄，这个飞行过程将形成两段视频，方便用户剪辑使用，视频效果如图 5-16 所示。在 App 中可以设置最远的飞行距离，分别可选 2 米、4 米、6 米和 10 米，在高度上可以选择平拍和升高。

扫码看教学视频

图 5-16 渐远模式视频效果

下面介绍拍摄方法。

步骤01 打开 DJI Fly App，把无人机镜头对准人物，❶点击拍摄模式按钮 手动操控 ；❷在其中选择"渐远"模式，如图 5-17 所示。

步骤02 点击人物身上的 田 按钮，如图 5-18 所示，框选人物作为目标。

图 5-17 选择"渐远"模式　　图 5-18 点击人物身上的相应按钮

步骤03 点击参数调整按钮 4m|升高|录像 ，如图 5-19 所示。

步骤04 ❶设置"最远距离"参数为 10m；❷点击 ∨ 按钮，如图 5-20 所示，关闭该面板。

图 5-19 点击参数调整按钮　　图 5-20 点击相应的按钮

71

步骤 05 点击 START（开始）按钮，如图 5-21 所示，无人机开始后退拉高飞行。

步骤 06 然后无人机飞向被摄者进行渐近拍摄，如图 5-22 所示。

图 5-21　点击 START（开始）按钮　　图 5-22　无人机渐近拍摄

5.2.3　环绕模式

在环绕模式下，无人机将以被摄者为中心进行 360°环绕拍摄。环绕模式对拍摄环境有一定的要求，需在相对空旷的环境中进行拍摄。当被摄者位置变化不大时，环绕模式拍摄的效果最好，视频效果如图 5-23 所示。

扫码看教学视频

第5章 用好Neo的航拍模式

图 5-23 环绕模式视频效果

下面介绍拍摄方法。

步骤 01 打开 DJI Fly App，将镜头对准人物，点击语音控制按钮，如图 5-24 所示。

步骤 02 发出"环绕"的语音，无人机会自动选择"环绕"模式，如图 5-25 所示。

步骤 03 无人机自动靠近人物直到环绕半径为 2 米，然后开始环绕人物 360°拍摄，如图 5-26 所示，拍摄完成后，无人机会自动回到起飞点。

图 5-24　点击语音控制按钮　　图 5-25　选择"环绕"模式　　图 5-26　开始环绕人物 360°拍摄

73

5.2.4 冲天模式

扫码看教学视频

冲天模式是最具航拍感的模式，采用俯视视角拍摄，无人机从被摄者手中起飞后向上攀升。在 App 中可选择最大高度，分别是 4 米、6 米、10 米，并且可以旋转运镜。在这个视角下，人物由近到远，可展现人物与环境的大关系，视频效果如图 5-27 所示。

图 5-27　冲天模式视频效果

下面介绍拍摄方法。

步骤 01　打开 DJI Fly App，把无人机镜头对准人物，❶ 框选人物；❷ 点击拍摄模式按钮 ⊙ 环绕 ；❸ 在其中选择"冲天"模式，如图 5-28 所示，点击参数调整按钮。

步骤 02　❶ 设置"最大高度"参数为 10m；❷ 点击 ⌄ 按钮，如图 5-29 所示。

步骤 03　点击 START（开始）按钮，如图 5-30 所示，无人机开始俯视上升飞行。

图 5-28　选择"冲天"模式　　图 5-29　点击相应的按钮　　图 5-30　点击 START（开始）按钮

5.2.5 聚焦模式

扫码看教学视频

这个模式适合定点拍摄，无人机将原地悬停，始终拍摄被摄者。这个模式适合拍摄定点运动，当对被摄者的行动路线有一定的规划和预判时，可以展现该模式的特点，视频效果如图 5-31 所示。

图 5-31 聚焦模式视频效果

下面介绍拍摄方法。

步骤01 打开 DJI Fly App，把无人机镜头对准人物，❶ 框选人物；❷ 点击拍摄模式按钮 ，❸ 在其中选择"聚焦"模式，如图 5-32 所示。

步骤02 点击 START（开始）按钮，如图 5-33 所示，无人机聚焦和拍摄人物。

步骤03 拍摄完成后，点击 STOP（暂停）按钮，如图 5-34 所示，停止拍摄。

图 5-32 选择"聚焦"模式　　图 5-33 点击 START 按钮　　图 5-34 点击 STOP 按钮

5.2.6 定向跟随模式

定向跟随模式允许用户指定一个目标，然后无人机将保持与这个目标相对固定的方向和距离进行飞行。这种模式特别适用于需要拍摄固定对象或场景的动态变化，视频效果如图 5-35 所示。

扫码看教学视频

图 5-35 定向跟随模式视频效果

下面介绍拍摄方法。

步骤 01 打开 DJI Fly App，把镜头对准人物，❶ 框选人物；❷ 点击拍摄模式按钮 ◉ 聚焦 ；❸ 选择"自定义 - 定向跟随"模式，如图 5-36 所示，点击参数调整按钮。

步骤 02 ❶ 设置"中距离"跟随；❷ 点击 START（开始）按钮，如图 5-37 所示，无人机跟随和拍摄人物。

步骤 03 拍摄完成后，点击 STOP（暂停）按钮，如图 5-38 所示，停止拍摄。

图 5-36 选择"自定义 - 定向跟随"模式

图 5-37 点击 START 按钮

图 5-38 点击 STOP 按钮

第 6 章
旅游风光 Vlog 的拍摄技巧

本章要点

旅游风光 Vlog 作为视频版的旅行日记，用影像和音乐的形式记录并分享了旅途中的美好瞬间和独特体验。旅游风光 Vlog 的内容广泛，包括美丽的风景、独特的文化、当地的美食、有趣的经历等。这些内容通过视频的形式呈现，更加生动、直观。通过航拍视角，可以展示美丽的风光画面，让观众仿佛身临其境。旅游风光 Vlog 可以记录旅行中的美好瞬间和独特体验，使其成为珍贵的回忆。通过分享 Vlog，可以让更多的人了解旅行中的快乐和美好，传递正能量。

6.1 掌握旅游风光Vlog的拍摄技巧

拍摄旅游风光 Vlog 可以记录旅行经历,并与观众分享所见的美景。本节将介绍一些拍摄技巧,帮助大家拍出更好的旅游风光 Vlog。

6.1.1 检查设备和规划路线

为了确保旅游风光 Vlog 的拍摄顺利进行,检查拍摄设备和规划飞行路线是非常重要的步骤。在拍摄过程中,设备故障可能导致拍摄中断或拍摄效果不佳,甚至可能造成设备损坏或人员伤害。因此,在拍摄前进行全面的设备检查是必不可少的。

下面介绍一些检查内容,帮助大家做好准备。

❶ 开机检查:检查无人机是否能正常开机、电池是否有电,以及显示屏是否工作正常。还需要检查遥控器电量是否充足、连接是否正常。

❷ 镜头诊断:观察镜头是否有异物、损坏或其他异常,检查其对焦功能是否正常。还需检查云台是否稳定,以及镜头是否安装牢固。

❸ 拍摄质量评估:如果之前拍摄的照片或视频出现模糊、失真、色彩不准确等问题,需要检查相机的设置,如 ISO、光圈、快门速度等,同时查看镜头是否有污迹或损伤。如果有污渍,可以用镜头清洁工具擦拭干净,如图 6-1 所示。

❹ 功能测试:检查遥控器上的返航按钮、俯仰控制拨轮、摇杆是否正常响应。

图 6-1 镜头清洁工具

规划飞行路线有很多好处。一是可以避开障碍物和禁飞区,保障飞行安全;二是规划好飞行路线可以提高拍摄效率,节省时间和电量;三是可以帮助拍摄者更好地构图和选择拍摄角度。

下面介绍一些规划飞行路线的步骤,帮助大家提高拍摄效率。

❶ 研究目的地:了解拍摄地点的地形、天气状况和法律法规。

❷ 确定拍摄目标:明确想要拍摄的主要对象和角度。

❸ 选择起飞和降落点:选择开阔、安全的地点作为起飞和降落点。

❹ 绘制飞行路线:使用无人机自带的地图绘制飞行路线,标记关键拍摄点。

❺ 考虑飞行高度和角度：根据拍摄需求设定无人机的飞行高度和角度。

❻ 检查飞行限制：确认是否在禁飞区或限制区内，是否需要申请飞行许可。

6.1.2 了解飞行环境和天气

扫码看教学视频

对新手用户而言，了解飞行环境和天气对于飞行安全至关重要，下面介绍相应的原因。

❶ 保障安全飞行：熟悉飞行环境可以避免碰撞障碍物，确保无人机和周围人员的安全。恶劣的天气如强风、雷暴等可能导致无人机失控或损坏。

❷ 确保遵守法规：了解飞行环境有助于用户确认飞行区域是否合法，避免违反当地法规。

❸ 影响拍摄效果：了解环境特点可以帮助拍摄者选择最佳拍摄角度和时机，提高作品质量。不同的天气条件会对拍摄效果产生显著影响。

❹ 保障飞行稳定性：如风速、温度等会影响无人机的飞行稳定性和电池续航，飞手提前了解这些信息有助于做好应对准备。

了解飞行环境和天气可以有效地确保无人机安全，让用户高效地完成拍摄任务。下面介绍相应的技巧。

❶ 现场勘察：在计划飞行前亲自前往目的地考察，记录地形特征、潜在障碍物的位置等信息。

❷ 借用地图工具：使用在线地图服务查看飞行区域的详细地理信息。

❸ 使用天气预报软件：利用专业的气象网站或应用程序获取准确的天气预报，如莉景天气应用程序，如图 6-2 所示，查看日出日落的时间、金色时刻、蓝色时刻、天气情况、风力等级、空气质量等数据，特别是针对特定地点和时刻的实时更新。

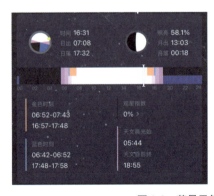

图 6-2　莉景天气应用程序

❹ 社区交流：加入当地的无人机爱好者论坛或社交媒体群组，获取最新的飞行经验和建议。

❺ 积累飞行经验：通过多次飞行实践，积累飞行经验，提高对飞行环境和天气的判断能力和应对能力。

6.1.3 设置视频拍摄参数

扫码看教学视频

设置视频拍摄参数是确保最终输出视频质量符合预期的重要步骤。正确的参数设置不仅能够提升 Vlog 的视觉效果，还能保证文件大小和格式适合后期编辑或直接发布。下面介绍相应的设置技巧。

步骤 01 在 DJI Fly App 相机界面中点击"分辨率帧率"按钮，如图 6-3 所示。

图 6-3 点击"分辨率帧率"按钮

步骤 02 ❶ 设置参数为 4K；❷ 点击拍摄按钮🔴，如图 6-4 所示，就可以拍摄 4K 高清画质的视频。

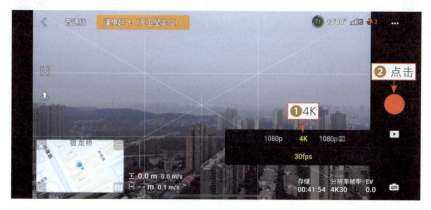

图 6-4 点击拍摄按钮

6.1.4 使用辅助线拍摄

扫码看教学视频

为了让画面构图更加均衡,可以在设置界面中设置拍摄辅助线。在"拍摄"设置界面中,点击"辅助线"右侧的 ✕、# 和 · 按钮,就可以打开交叉对称线、九宫格线和中心点辅助线,让你在 Vlog 拍摄中,更加得心应手,如图 6-5 所示。

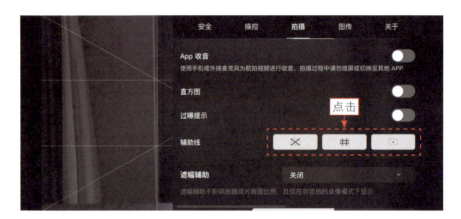

图 6-5 打开交叉对称线、九宫格线和中心点辅助线

6.1.5 使用水平线构图拍摄

扫码看教学视频

水平线构图是一种在摄影和视频拍摄中非常常用且有效的技巧,它可以帮助创建平衡、稳定且具有吸引力的画面。下面介绍一些使用水平线构图拍摄的技巧,帮助大家拍出美丽的风光 Vlog。

❶ 确定水平线位置:比如将画面三等分,把地平线放置在上下三分之一处,而不是正中间,这样可以避免画面显得过于对称和平淡。如果天空更有趣

（如美丽的云彩或夕阳），可将地平线放在下三分之一处，给予天空更多的空间。在某些情况下，如水面反射强烈的场景，可以将地平线置于画面中央，以强调对称性。

❷ 保持水平线水平：利用相机界面中的辅助线来确保地平线是真正水平的，防止倾斜造成的视觉不适。

❸ 利用前景元素：在地平线前添加一些有趣的前景元素，如树木、人物或建筑物，为画面增添深度和层次感。前景还可以引导观众视线进入画面，增加视频画面的故事性。

❹ 使用广角镜头：广角镜头可以使水平线看起来更加延展，适合展示广阔的风光画面，如图 6-6 所示。

图 6-6　广角镜头风光画面

❺ 探索不同视角：尝试从低角度拍摄，让前景占据更多画面，增强透视感。或者站在高处向下俯瞰，展现大范围内的水平线分布，创造宏大的视觉冲击力。

❻ 结合其他构图元素：水平线构图可以与其他构图规则相结合，比如引导线构图、框架构图等，丰富整体设计。注意：背景中的重复图案或颜色对比能够强化水平线的效果。

❼ 后期调整：如果拍摄时未能完全保持水平，可以在后期编辑软件中轻微旋转图像来校正。调整色彩和对比度，使得水平线更加突出，但要避免过度处理，影响自然美感。

6.2 使用运动镜头拍摄旅游风光Vlog

使用运动镜头拍摄旅游风光 Vlog 可以增加画面的动态感和观赏性。本节将为大家介绍一些运镜拍摄技巧，帮助大家提升视频拍摄水平。

6.2.1 使用平摇镜头拍摄风光

扫码看教学视频

平摇镜头，也称为横摇镜头，是指无人机在一个水平轴线上左右移动拍摄。这种镜头在 Vlog 拍摄中具有多种作用。下面介绍一些平摇镜头的主要作用。

❶ 展示环境：通过平摇镜头，可以展示场景的宽度，让观众了解环境的空间布局。在复杂的环境中，平摇镜头可以帮助观众发现不同的视觉元素和细节。

❷ 跟随动作：当人物在水平方向上移动时，平摇镜头可以跟随他们的动作，保持人物在画面中的位置。

❸ 增加动态感：相对于静态画面，平摇镜头可以为视频增加动态感，吸引观众的注意力。通过调整平摇的速度，可以创造出不同的视觉节奏。

❹ 转场和过渡：平摇镜头可以用来作为场景之间的过渡，使画面转换更加自然。在两个相关但不连续的元素之间使用平摇镜头，可以暗示它们之间的联系。例如，用两个场景不同的左摇镜头来实现无缝转场，如图 6-7 所示。

图 6-7　用左摇镜头来实现无缝转场

❺ 强调关系：通过平摇镜头在两个或多个主体之间移动，可以强调它们之间的关系或对比。平摇镜头可以引导观众的视线从一个重点转移到另一个重点。

下面为大家介绍如何使用平摇镜头拍摄风光，视频效果如图 6-8 所示。

图 6-8 使用平摇镜头拍摄风光

❶ 让无人机飞到一定的高度，拍摄风光。
❷ 将左侧的摇杆向左推动，让无人机向左旋转飞行，使用平摇镜头拍摄风光。

6.2.2 使用侧飞镜头拍摄风光

侧飞镜头是无人机位于被摄主体的侧面拍摄的画面，无人机的运动方向与被摄主体的位置关系通常有平行和倾斜两种。下面介绍侧飞镜头的主要作用。

扫码看教学视频

❶ 展现广阔的景色：通过侧飞镜头，可以展现风光的广阔和连续性，尤其是当风景线较长时，如海滩、山脉、田野等。

❷ 创造动态感：相对于静态的风景照片，侧飞镜头可以为风光画面增加动态感和活力。侧飞镜头可以模拟人在风景中行进的感觉，让观众有身临其境的体验。

❸ 突出细节和层次：在侧飞过程中，可以逐渐展现风景中的细节，如树木、岩石等。通过侧飞镜头，可以展现前景、中景和背景的层次，使画面更加立体。

❹ 引导观众视线：侧飞镜头可以从一个焦点转移到另一个焦点，引导观众的视线在画面中移动。通过调整侧飞的速度，可以控制观众观看画面的节奏。

下面为大家介绍如何使用侧飞镜头拍摄风光，视频效果如图 6-9 所示。

图 6-9 使用侧飞镜头拍摄风光

❶ 让无人机飞到一定的高度，拍摄风光。

❷ 将右侧的摇杆向右推动，让无人机向右飞行，使用侧飞镜头展现风光。

6.2.3 使用上升镜头拍摄风光

扫码看教学视频

上升镜头，也称为起重机镜头，是指无人机沿着垂直方向向上移动拍摄的镜头。上升镜头在风光摄影中能够创造出独特的视角，呈现出更加丰富和立体的视觉效果。下面介绍上升镜头的主要作用。

❶ 创造新的视角：上升镜头可以帮助用户从全新的角度观察和拍摄风光，打破传统的水平视角。上升镜头可以展现山峰的高度和宏伟，如图 6-10 所示。

图 6-10 展现山峰的高度和宏伟

❷ 展现环境全貌：上升镜头可以逐渐展现被摄环境的全貌，提供鸟瞰视角，让观众对整个场景有一个全面的认识。通过上升，可以清晰地展现地形、地貌，以及风光元素之间的空间关系。

❸ 从细节到整体：上升镜头可以从一个细节或局部开始，逐渐上升至展现整个风光画面，引导观众的视线和注意力。在上升过程中，画面可以逐渐增加深度，为风光摄影增添层次。

下面介绍如何使用上升镜头拍摄风光，视频效果如图 6-11 所示。

图 6-11　使用上升镜头拍摄风光

❶ 让无人机飞到一定的高度，拍摄地面。

❷ 将左侧的摇杆向上推动，让无人机向上飞行，使用上升镜头拍摄风光。

6.2.4　使用环绕镜头拍摄人物

扫码看教学视频

环绕镜头，也称为环绕拍摄或 360°旋转镜头，是指无人机围绕被摄对象进行旋转运动，从而捕捉到全方位的视角。这种镜头可以创造出动态的、沉浸式的视觉效果。下面介绍环绕镜头的主要作用。

❶ 展现全方位视角：环绕镜头可以 360°展示被摄对象的全景，让观众从各个角度了解被摄体的形态和环境。

❷ 创造沉浸式体验：通过环绕镜头，观众仿佛被带入场景之中，体验到身临其境的感觉。

❸ 增强动态感：环绕镜头的动态特性可以为静态的场景增添活力，使画面更具动感。

❹ 突出中心对象：环绕镜头通常以某个中心对象为焦点，通过围绕这个对象旋转拍摄，可以强调其重要性和视觉吸引力。

❺ 展示空间关系：环绕镜头有助于展示被摄体与环境之间的空间关系，使观众更好地理解场景的整体布局。

下面介绍如何使用环绕镜头拍摄人物，视频效果如图 6-12 所示。

图 6-12 使用环绕镜头拍摄人物

❶ 让无人机飞到一定的高度，以人物为环绕中心。

❷ 将右侧的摇杆向右推动，让无人机向右飞行。

❸ 同时，将左侧的摇杆向左推动，让无人机逆时针环绕飞行，使用环绕镜头拍摄人物。

6.2.5 使用跟随镜头拍摄汽车

扫码看教学视频

使用跟随镜头（也称为跟踪镜头或跟拍镜头）拍摄汽车，可以创造出一种动态的视觉效果，让观众感受到与汽车一起移动的感觉。下面介绍使用跟随镜头拍摄汽车的主要作用。

❶ 展现速度和轨迹：跟随镜头可以让观众感受到汽车行驶的速度感，增加画面的动态效果。通过跟随镜头，可以清晰地展示汽车在道路上的运动轨迹，让观众感受到行驶的连贯性。

❷ 第一视角体验：跟随镜头可以模拟驾驶员或乘客的视角，让观众产生身临其境的感觉。观众随着汽车的移动而移动，感觉自己也像是在旅行。

❸ 环境展示和场景切换：跟随镜头可以展示汽车与周围环境的关系，如城市街道、乡村道路或赛道。在连续的跟随镜头中，可以自然地转换场景，展示不同的地点或背景，如图 6-13 所示。

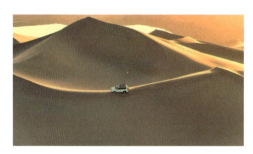 

图 6-13　展示不同的背景

❹ 增强视觉效果：跟随镜头可以创造视觉效果上的新鲜感，避免静态画面的单调。摄影师可以通过跟随镜头创造有趣的构图，如通过反射、光影或特定的角度来增加视觉吸引力。

❺ 吸引观众的注意力：跟随镜头的动态特性可以迅速吸引观众的注意力，提高他们的观看兴趣。使用跟随镜头拍摄的视频片段在社交媒体上更易于传播，因为它们通常更具吸引力和分享价值。

下面介绍如何使用跟随镜头拍摄汽车，视频效果如图 6-14 所示。

❶ 让无人机飞到一定的高度，拍摄沙漠中的汽车。

❷ 将右侧的摇杆向右上方推动，让无人机跟随汽车并向左侧前飞。

第6章 旅游风光Vlog的拍摄技巧

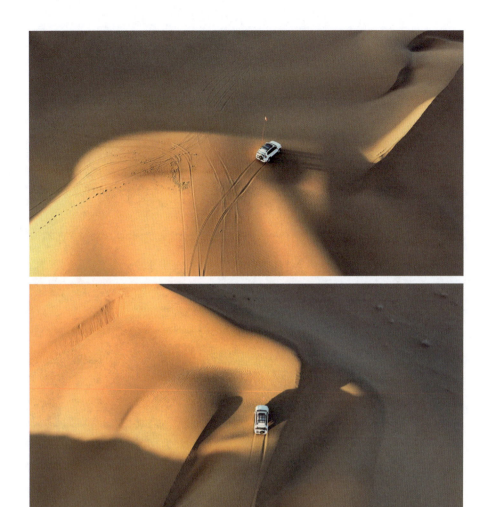

图 6-14 使用跟随镜头拍摄汽车

❸ 在跟随的过程中,适当推动左侧的摇杆,旋转角度,并继续前飞,使用跟随镜头拍摄汽车。

※ 温馨提示

大疆 Neo 无人机的跟随模式,目前只能跟随人物。因此,在跟随拍摄汽车或者船时,需要手动操控遥控器,来实现跟随拍摄。

第 7 章
城市漫步 Vlog 的拍摄技巧

本章要点

城市漫步 Vlog 是一种以城市为主题的视频。在拍摄的时候，可以选择一个特定的城市区域或特色街道作为漫步的地点，然后使用大疆 Neo 无人机来拍摄沿途的风景、建筑、街道和人群。本章以长沙这座城市为例，介绍一些城市漫步 Vlog 的航拍技巧，帮助大家拍出有趣、信息丰富且视觉吸引人的城市漫步 Vlog，让观众通过镜头体验城市的魅力。

7.1 掌握城市漫步Vlog的拍摄技巧

用户在拍摄城市漫步 Vlog 之前可以做一些研究，了解想要拍摄的区域，包括历史背景、文化特色、标志性建筑等。然后掌握相应的拍摄技巧，提升画面的美感和节奏感。本节将为大家介绍相应的技巧。

7.1.1 保持画面紧凑

扫码看教学视频

在拍摄城市漫步 Vlog 时，保持画面紧凑可以提高观众的观看体验，使内容更加聚焦和吸引人。下面介绍一些保持画面紧凑的作用。

❶ 维持观众注意力：紧凑的画面可以有效抓住并保持观众的注意力，避免他们因无聊而跳过 Vlog。

❷ 增强故事叙述：通过紧凑的画面，可以让故事更加连贯、清晰，帮助用户更好地传达信息或情感。

❸ 提升观看体验：流畅且有节奏感的画面转换能为观众提供更好的视觉享受，增加 Vlog 的吸引力。

下面介绍一些保持画面紧凑的技巧，帮助大家创建出既紧凑又富有表现力的 Vlog，从而提高观众的参与度和满意度。

❶ 规划内容结构：在拍摄前制定详细的脚本或大纲，确保每个片段都有明确的目的，并且服务于整体的故事线。

❷ 加入动态元素：使用移动、缩放、倾斜等运镜技巧来创造活力，而不是静止不动的画面，这有助于维持视觉兴趣点。图 7-1 所示为一段移动镜头画面，能够吸引观众的视线。

图 7-1 移动镜头画面

❸ 聚焦主体：确保每一段落的核心内容突出，减少无关紧要的信息，让观众一眼就能明白重点所在。

❹ 控制拍摄时长：对于单个场景，尽量在表达清楚主题的前提下缩短录制时间，避免冗长无趣的部分。

❺ 利用特写镜头：特写镜头能够强调细节，增加亲密感，使观众更深入地沉浸到故事中。

❻ 快速切换镜头：采用较快的镜头切换频率，但不要过于频繁以至于让人感到混乱。适当的快切可以在不影响理解的情况下加速叙事节奏。

7.1.2 寻找合适的光影

在拍摄城市漫步 Vlog 时，合适的光影不仅能够提升画面的美感，还能增强故事的情感表达。下面介绍合适的光影的作用。

扫码看教学视频

❶ 增强视觉效果：合适的光影能够为画面增添层次感和立体感。

❷ 营造氛围：光影可以营造出不同的情绪氛围，如温暖、忧郁、神秘等。

❸ 突出主体：通过光影对比，可以更加突出 Vlog 的主体内容。

❹ 引导视线：光影的自然分布可以引导观众的视线，帮助讲述故事。

光影不仅能够塑造被摄物体的形态和质感，还能增强视频的氛围和情感表达。下面介绍相应的技巧。

❶ 选择拍摄时间：日出和日落时分，光线柔和且色彩丰富，是拍摄的最佳时间，如图 7-2 所示。日出前和日落后短暂的一段时间，天空呈现蓝色，适合拍摄夜景。

图 7-2　日落时分

❷ 利用光影效果：逆光可以创造轮廓光或光环效果，但要小心处理曝光，避免主体过暗；侧光能够展现物体的质感和立体感。

❸ 控制曝光：使用手动模式控制曝光，确保主体正确曝光。或者利用曝光补偿功能来调整光线的强弱。

❹ 使用阴影：创意地将阴影作为构图的一部分，可以增加画面的深度和兴趣点。注意阴影的方向和形状，它们可以成为引导线或增强故事性的元素。

❺ 反射和倒影：利用水面或其他反光表面来反射光线，创造有趣的光影效果，比如倒影。

7.1.3 寻找色彩和图案

扫码看教学视频

在拍摄城市漫步 Vlog 时，色彩和图案是增强视觉效果和提升视觉吸引力的关键元素。下面是色彩和图案在 Vlog 中的作用。

❶ 增强视觉吸引力：鲜艳的色彩和有趣的图案可以迅速吸引观众的注意力。

❷ 表达情感：不同的色彩能够传达出不同的情感和氛围，如温暖、冷静等。

❸ 强化主题：色彩和图案可以强化 Vlog 的主题，使内容更加突出。

❹ 打造视觉节奏：图案的重复和色彩的变换可以为 Vlog 营造节奏感。

为了提升画面的美感和吸引力，下面为大家介绍一些寻找色彩和图案的技巧。

1. 寻找色彩

色彩有天然的，也有人为的，利用好色彩，可以让 Vlog 画面变得丰富多彩，夺人眼球。下面介绍一些寻找色彩的技巧。

❶ 选择协调色系：选择互补色（色轮上对立的颜色，如蓝色和橙色），或者类似色（相邻的颜色，如蓝色和绿色，如图 7-3 所示），以创建和谐的画面。

❷ 利用自然环境：城市中的公园、市场、海滩等地方都充满了丰富的自然色彩。图 7-4 所示为公园中的七彩杉树，善用这些元素可以为 Vlog 增添生机。

图 7-3　蓝色和绿色

图 7-4　公园中的七彩杉树

❸ 考虑季节变化：不同的季节有不同的色调特征，比如春天的嫩绿、秋天的金黄，利用季节性色彩可以让视频更有时效性和地域特色。

❹ 服装搭配：模特的穿着应与周围的环境相匹配，但又不能完全融入其中，适当突出自己，同时确保整体色彩协调。

2. 寻找图案

城市中充满了各种各样的图案，这些图案不仅构成了城市的视觉特征，也反映了其文化、历史和现代生活。例如，有建筑图案、道路图案、涂鸦图案、商业品牌图案、交通图案、绿化图案、节日装饰等。下面介绍一些寻找图案的技巧。

❶ 探索城市纹理：注意观察城市的纹理，如砖墙、铁艺栅栏、斑马线等，这些都是很好的视觉元素。

❷ 捕捉日常细节：在街头巷尾寻找那些不引人注目的装饰，如墙壁涂鸦，它们往往蕴含着独特的故事和美感。

❸ 关注建筑设计：现代或古典建筑的外观设计往往包含着丰富的几何图形和其他形式的图案，是绝佳的拍摄素材。图 7-5 所示为长沙市的爱晚亭建筑，屋檐和牌匾的图案都非常好看。

图 7-5 长沙市的爱晚亭建筑

❹ 节日和活动：特定时期的节庆活动可能会带来临时性的色彩和图案元素，如灯笼、彩旗、海报等，为 Vlog 增色不少。

7.1.4 使用前景构图技巧拍摄

扫码看教学视频

在拍摄城市漫步 Vlog 时，前景构图是一种非常有效的视觉技巧，它可以帮助增强画面的深度和层次感，同时也能引导观众的视线。下面是前景构图的一些作用。

❶ 增加深度：前景可以增加画面深度，使二维图像看起来更加立体。
❷ 突出主题：通过在前景放置相关元素，可以强调Vlog的主题或主体。
❸ 引导视线：前景可以作为视觉引导线，引导观众视线进入画面或指向主体。
❹ 创造兴趣点：有趣的前景可以吸引观众的注意力，增加画面的吸引力。
❺ 提供上下文：前景可以帮助观众理解拍摄环境，提供更多的背景信息。

在城市中航拍，可以寻找到很多前景，那么要如何进行前景构图呢？下面是一些使用前景构图的技巧。

❶ 选择合适的前景：选择与Vlog主题相关的前景元素，如城市建筑、城市树木的一部分等。确保前景元素足够有趣，能够吸引观众的注意力。

❷ 前景元素的位置：使用三分法构图，将前景元素放置在画面的上方或一侧，避免遮挡主体。确保前景元素与主体和背景之间有足够的空间，避免画面显得拥挤。

❸ 创造视觉引导线：利用前景中的线条元素，如道路、河流等，作为视觉引导线，引导观众的视线。图7-6所示为使用道路作为前景拍摄的城市风光。

图7-6 使用道路作为前景

❹ 利用前景创造框架：使用前景元素如门框、窗户或其他框架，来框住主体，创造自然的框架效果。

❺ 调整拍摄角度：尝试不同的拍摄角度，如低角度拍摄可以使前景更加突出。通过改变无人机的高度和角度，找到最佳的前景构图。

❻ 注意光线：确保前景有足够的光线，避免过暗或过曝，影响画面的平衡。

7.1.5 拍摄人文元素

扫码看教学视频

在城市漫步 Vlog 中融入人文元素，不仅可以丰富视频内容，还能增强观众的代入感和共鸣。下面是 Vlog 中加入人文元素的一些作用。

❶ 增强故事性：人文元素可以帮助讲述故事，让观众更好地理解 Vlog 的主题。

❷ 展示文化特色：通过人文元素可以展示不同地区的文化、风俗和生活方式。

❸ 引发共鸣：人文元素能够激发观众的情感，使他们与 Vlog 中的角色或情境产生共鸣。

❹ 提高观看兴趣：人们通常对其他人的生活、工作、习惯等感兴趣，人文元素可以提高 Vlog 的吸引力。

❺ 传递价值观：通过人文故事可以传递正能量和积极的价值观。

人文元素具有以上作用，那么如何在城市漫步 Vlog 中加入人文元素呢？下面介绍一些拍摄技巧。

❶ 故事构思：在拍摄前，构思好想要讲述的故事，明确人文元素如何融入整个 Vlog 的主题。

❷ 环境选择：选择具有代表性的环境进行拍摄，如当地市场、节日庆典、特色建筑等。图 7-7 所示为在寺庙建筑附近拍摄到的亲子互动画面，展现和谐的气氛。

图 7-7 亲子互动画面

❸ 声音采集：开启麦克风采集清晰的声音，特别是在拍摄对话或现场声音时。记录现场的自然声音，如人声、音乐、环境声等，可以增强氛围感。

❹ 保持真实性：在拍摄 Vlog 时，要保持真实性，不要刻意摆拍或制造虚假场景。真实的情感和场景才能让观众产生共鸣和认同感。

❺ 尊重隐私：需要寻求许可，即使得到了拍摄许可，也要考虑到是否有必要公开某些信息，并采取措施保护被摄者的隐私权。

7.2 使用运动镜头拍摄城市漫步Vlog

使用运动镜头拍摄城市漫步 Vlog，可以为观众带来更加生动、动态和沉浸式的观看体验。本节将介绍一些关键技巧和建议，帮助大家更好地运用运动镜头来拍摄城市漫步 Vlog。

7.2.1 使用上升镜头揭示开场

扫码看教学视频

在城市漫步 Vlog 中，使用上升镜头来揭示开场可以创造出引人入胜的视觉效果和叙事效果。下面介绍上升镜头的一些作用。

❶ 建立场景：上升镜头可以帮助观众了解视频的地理位置和环境背景。

❷ 吸引注意：动态的上升镜头可以立即吸引观众的注意力，为 Vlog 创造一个强有力的开场，如图 7-8 所示。

图 7-8 动态的上升镜头

❸ 展现细节：从低角度开始，逐渐上升可以展示从细节到整体的转换，增加视觉层次。

❹ 营造氛围：上升镜头可以用来营造特定的情绪和氛围，为接下来的故事内容做铺垫。

❺ 叙事功能：上升镜头可以作为叙事工具，揭示故事的开端或转换场景。

在拍摄前，用户最好规划好上升镜头的路径和最终构图，确保它与 Vlog 的主题和叙事相匹配。也要考虑镜头的起始点和结束点，以及途中想要展示的元素。下面为大家介绍如何使用上升镜头揭示开场，视频效果如图 7-9 所示。

图 7-9 使用上升镜头揭示开场

❶ 让无人机飞到一定的高度，低角度拍摄城市。

❷ 将左侧的摇杆向上推动，让无人机上升飞行，使用上升镜头揭示开场。

7.2.2 使用后退镜头展现人物

后退镜头，也称为拉远镜头或退镜头，是一种摄影技巧，拍摄时摄像机沿着拍摄方向向后移动，从而逐渐扩大视野范围，以纳入更多的场景。在城市漫步 Vlog 中，使用后退镜头来揭示人物可以产生多种叙事和视觉效果。下面介绍后退镜头的一些作用。

❶ 引入人物：通过后退镜头，可以从一个特写或中景逐渐展示整个场景，自然地引入人物及其环境。

❷ 展示关系：后退镜头可以展示人物与其周围环境或人物之间的关系。

❸ 增加深度：后退镜头能够增加画面的深度，使观众感受到三维空间。

❹ 建立场景：通过后退，可以为观众展示更广阔的背景，帮助建立故事发生的场景。

❺ 情绪转变：后退镜头可以用来转变情绪或叙事节奏，从紧张或亲密的场面转变为更开阔的视角。

下面为大家介绍如何使用后退镜头展现人物，视频效果如图 7-10 所示。

图 7-10　使用后退镜头展现人物

❶ 让无人机飞到一定的高度，拍摄人物前面的荷花。

❷ 将右侧的摇杆向下推动，让无人机后退飞行，越过人物，使用后退镜头展现人物。

7.2.3 使用前进镜头拍摄城市

前进镜头，也称为推镜头，是指拍摄时无人机沿着拍摄方向向前移动，从而逐渐缩小视野范围，聚焦于特定对象或场景。在拍摄城市漫步 Vlog 时，前进镜头可以用来探索城市环境，突出特定的建筑、地标或活动。下面介绍前进镜头的作用。

❶ 引入焦点：前进镜头可以帮助观众从一个广泛的场景聚焦到特定的兴趣点，如图 7-11 所示。

图 7-11　聚焦到特定的兴趣点

❷ 增强动态感：通过前进运动，可以为视频增加动感和节奏感。

❸ 探索环境：前进镜头可以带领观众一起探索城市的街道，增加沉浸感。

❹ 突出主题：聚焦于城市中的某个元素，如建筑、艺术品或人群，有助于强调视频的主题。

❺ 建立空间关系：展示城市空间的不同层次和元素之间的关系。

下面为大家介绍如何使用前进镜头拍摄城市，视频效果如图 7-12 所示。

图 7-12　使用前进镜头拍摄城市

❶ 让无人机飞到一定的高度，拍摄城市里的特色石桥。

❷ 将右侧的摇杆向上推动，让无人机前进飞行，慢慢追上人物，使用前进镜头拍摄城市和人物。

7.2.4　使用跟随镜头跟随人物

跟随镜头，也称为跟镜头或跟踪镜头，是指拍摄时无人机跟随移动中的对象（通常是人物），以保持对象在画面中的位置。这种技巧

扫码看教学视频

在城市漫步 Vlog 中非常常见,尤其是在展示人物活动或行动时。下面介绍跟随镜头的一些作用。

❶ 保持焦点:跟随镜头可以帮助观众保持对主角的关注,即使在移动中。

❷ 增强动态感:通过跟随移动,可以为视频增加活力和真实感。

❸ 展示动作:跟随镜头可以清晰地展示人物的动作和活动过程。

❹ 建立情感联系:跟随镜头可以让观众与人物建立更深的情感联系,因为观众感觉就像是在人物身边。

❺ 展现环境:在跟随人物的同时,可以展示周围的环境和背景。

下面介绍如何使用跟随镜头跟随人物,视频效果如图 7-13 所示。

图 7-13　使用跟随镜头跟随人物

❶ 让无人机飞到一定的高度,在人物的侧面拍摄。

❷ 将右侧的摇杆向右推动,让无人机向右飞行,使用跟随镜头跟随人物。

7.2.5 使用上升后退镜头退场

扫码看教学视频

上升后退镜头是一种结合了垂直上升和水平后退的摄像机移动技巧，常用于电影和视频制作，为场景提供一个逐渐拉远的效果。在 Vlog 中，这种镜头可以作为结束或转换场景的手段，下面是其主要作用。

❶ 营造结束感：为 Vlog 提供一个自然的结尾，给观众一种完成感。

❷ 增加视角变化：从近景逐渐过渡到全景，展示更多的环境和背景内容，如图 7-14 所示。

图 7-14　展示更多的环境和背景内容

❸ 情感释放：在情感高潮或重要信息后，上升后退镜头可以帮助观众消化内容，平缓情绪。

❹ 节奏变化：为视频带来节奏变化，缓解连续紧凑的剪辑带来的紧张感。

❺ 视觉冲击：如果场景足够吸引人，上升后退镜头可以创造强烈的视觉冲击。

下面介绍如何使用上升后退镜头退场，视频效果如图 7-15 所示。

图 7-15　使用上升后退镜头退场

❶ 让无人机飞到一定的高度，靠近俯拍人物。

❷ 将右侧的摇杆向下推动，让无人机后退飞行。

❸ 同时，将左侧的摇杆向上推动，让无人机上升飞行，使用上升后退镜头退场。

第 8 章
日常自拍 Vlog 的拍摄技巧

本章要点

使用无人机拍摄日常自拍 Vlog，可以极大地丰富视频的内容和视角，提升观众的观看体验。无人机可以从高空俯瞰，捕捉到更广阔的场景，将原本无法尽收眼底的景色完整地呈现在观众面前。无人机可以随时随地起飞，捕捉那些转瞬即逝的美景，为 Vlog 增添更多亮点和惊喜。有些地方由于地形限制，难以到达或拍摄，但无人机可以轻松抵达并拍摄到这些美景。本章将为大家介绍如何使用大疆 Neo 无人机拍摄日常自拍 Vlog。

8.1 掌握日常自拍Vlog的拍摄技巧

掌握日常自拍 Vlog 的拍摄技巧，不仅能提升视频质量，还能更好地展现个人特色和风格。本节将为大家介绍一些关键的日常自拍 Vlog 拍摄技巧，帮助用户制作优质和有趣的 Vlog 内容。

8.1.1 掌握万能分镜公式

在拍摄日常自拍 Vlog 时，掌握万能分镜公式技巧是很重要的，它们能够帮助你创作出更具吸引力和故事感的视频内容。下面介绍一些万能分镜公式。

扫码看教学视频

❶ 三镜头法则：使用全景镜头展示环境和主体的整体情况，使用中景镜头聚焦于主体的上半身或动作，使用特写镜头捕捉主体的脸部表情或重要的细节。

❷ 英雄镜头—反应镜头—细节镜头：使用英雄镜头突出主角，通常是特写或中景，使用反应镜头展示其他角色对主角或事件的反应，使用细节镜头聚焦于重要的物品或场景的某个细节。

❸ 两极镜头切换：使用远景镜头从远处展示场景，建立环境背景，再使用近景镜头紧密聚焦于某个细节，以营造情感冲击，如图 8-1 所示。

图 8-1　两极镜头切换

❹ 180°规则：在对话场景中，摄像机保持在两个角色之间假想线的一侧，以保持空间连贯性。

❺ 匹配剪辑：通过在两个镜头之间匹配动作或形状，创造平滑的视觉过渡。虽然这是后期的内容，不过用户也可以了解一下，然后在拍摄时注意拍摄相应的内容。

这些公式并不是一成不变的，而是可以根据具体的故事内容、风格和创意进行调整和变化。使用这些公式可以帮助新手快速上手视频制作，同时也为经验丰富的创作者提供了一个起点，以便他们在此基础上进行创新和实验。

正确使用这些公式或模板可以帮助用户快速构建场景，确保视觉叙事的连贯性和吸引力。

8.1.2 拍摄稳定的长镜头

在拍摄日常自拍 Vlog 时，稳定的长镜头能够保持被摄体时空的连续性、完整性和真实性，从而增强视频的吸引力和专业性。下面介绍一些长镜头的作用。

扫码看教学视频

❶ 真实感：长镜头能够保持时间的连续性和空间环境的完整性，使观众产生强烈的真实感。这对于记录日常生活 Vlog 尤为重要，因为它能够让观众更真实地体验到创作者的生活。

❷ 叙事连贯性：长镜头有助于保持故事的连贯性，使得叙事更加流畅，没有频繁的剪辑带来的跳跃感，有助于观众跟随创作者的视角和思路。

❸ 情感沉浸：长镜头可以让观众在一段时间内专注于一个场景或动作，有助于情感的积累和沉浸，增强观众的情感体验。

而且长镜头对于后期剪辑，也是百利而无一害的。宁愿多拍素材，也不要漏拍、少拍素材，不然返工补拍会浪费很多时间。下面介绍相应的长镜头拍摄技巧。

❶ 规划拍摄路径：提前规划好拍摄路径，确保没有障碍物。

❷ 使用智能模式：利用跟随模式、环绕模式等智能飞行模式，实现稳定的跟拍效果。如在遥控器中的 DJI Fly App 中，点击焦点跟随按钮，使用智能跟随模式跟拍人物，如图 8-2 所示。

图 8-2 点击焦点跟随按钮

❸ 控制风速：选择风速较小的天气条件，避免强风影响飞行的稳定性。

❹ 合理构图：在长镜头中，构图非常重要。需要确保主体在画面中的位置

合适、曝光和光线正确,以及跟焦准确。

❺ 速度均匀:在长镜头中,运镜的速度应该均匀,避免忽快忽慢,以保持画面节奏统一。

❻ 注意光线变化:在使用长镜头拍摄时,光线可能会发生变化,提前准备好补光或遮光措施,可以确保画面曝光一致。

8.1.3 多拍摄 10 秒

在 Vlog 中多拍摄 10 秒的镜头有多种好处,包括增加编辑的灵活性、营造情绪,以及为过渡和剪辑提供更多素材。下面介绍多拍摄 10 秒镜头的作用。

❶ 增加编辑的灵活性:额外的 10 秒可以给编辑时提供更多的缓冲时间,使得剪辑更加流畅。

❷ 营造情绪:长一些的镜头能让观众有更多时间沉浸在某一个场景或情绪中。

❸ 方便过渡和剪辑:额外的画面可以作为过渡镜头,帮助连接不同的场景或段落。

❹ 为后期调整提供更多素材:如果在拍摄时出现了一些小错误,额外拍摄的 10 秒可以提供空间进行裁剪和调整。

为了提升视频的整体质量和观看体验,下面为大家介绍一些拍摄技巧。

❶ 保持稳定:在额外拍摄的 10 秒内,保持摄像机稳定,避免不必要的抖动。

❷ 动作延续:如果镜头中有人物动作,让动作在额外的 10 秒内延续,以便于后期剪辑。

❸ 构图考虑:在额外的时间中,还需要保持良好的构图,确保画面美观,如图 8-3 所示。

图 8-3 保持良好的构图

❹声音录制:如果 Vlog 中包含现场声音,那么要确保额外的 10 秒内,声音质量是保持一致的。

❺自然过渡:在镜头结束时,可以稍微移动摄像机或改变焦点,为接下来的剪辑创造自然的过渡。

❻情绪延伸:如果镜头是为了表达某种情绪,让演员在额外的 10 秒内保持情绪状态。

❼环境融入:利用额外的 10 秒来展示更多环境细节,增强场景的沉浸感。

❽后期裁剪:在拍摄时不必担心镜头过长,可以在后期编辑时裁剪掉不需要的部分。

❾练习和重复:在实际拍摄前多次练习,确保能够自然地延长镜头时间而不影响整体的流畅性。

8.1.4 让主体慢慢进入画面

扫码看教学视频

在日常自拍 Vlog 中,让主体慢慢进入画面是一种常见的摄影技巧,可以增加视觉兴趣和叙事深度。下面是对这些技巧的作用的详细阐述。

❶引入悬念:通过缓慢引入主体,可以建立观众的期待感,激发好奇心。

❷聚焦注意力:逐渐出现的主体可以帮助观众集中注意力,让画面不那么单调,如图 8-4 所示。

图 8-4 逐渐出现的主体

❸增强叙事:这种技巧可以用于故事的开端,逐渐展开情节,引导观众进入故事的世界。

❹创造节奏:缓慢地进入可以为视频设置节奏,为后续内容铺垫。

❺视觉效果:慢慢进入画面的主体可以创造一种动态的视觉效果,使画面更加生动。

在拍摄 Vlog 时让主体自然地进入画面，可以增强视频的吸引力和表现力。下面介绍一些拍摄技巧。

❶ 规划镜头：在拍摄前规划好主体的进入路径和速度，确保镜头的流畅性。

❷ 使用引导线：利用画面中的线条（如道路、栏杆等）引导观众的视线，使主体自然进入画面。

❸ 控制速度：通过调整主体的移动速度或摄像机的移动速度来控制主体进入画面的节奏。

❹ 焦点调整：在主体进入画面的过程中，适时调整焦点，确保主体清晰。

❺ 背景选择：选择一个与主体形成对比的背景，使主体更加突出。

❻ 利用框架：使用门、窗或其他框架元素作为前景，让主体从框架中慢慢出现在画面中。图 8-5 所示就是使用树叶和树枝作为前景框架，让人物走进画面中的。

图 8-5　使用树叶和树枝为前景框架拍摄人物

8.1.5　使用三分法构图拍摄

扫码看教学视频

三分法构图是一种经典的摄影和摄像技巧，它将画面分为三等份，通过这些线条来定位画面中的主要元素，以达到平衡和吸引人的视觉效果。下面是三分法构图在拍摄日常自拍 Vlog 中的一些作用。

❶ 提高视觉吸引力：三分法构图可以帮助用户创造出和谐和吸引人的画面。

❷ 引导观众视线：通过将主体放在三分线的交点或线条上，可以自然地引导观众的视线。

❸ 增加画面平衡：这种构图方法可以避免画面过于对称或单调，增加画面的动态平衡。

❹ 强化故事叙述：合理利用三分法可以帮助人们更好地讲述故事，通过位置关系表达情感和故事的发展。

在第 6 章的 6.1.4 一节中介绍了如何打开拍摄辅助线，能够方便人们在拍摄时进行参考。下面继续介绍一些拍摄技巧。

① 放置主体：将重要的主体，如人物，放置在三分线的交点或线条上，这些点是观众自然关注的焦点。

② 灵活变化：尽量遵循三分法构图的"规则"，但也要根据实际情况灵活调整，不要过分拘泥。

③ 考虑前景和背景：利用三分法来安排前景和背景元素，使画面层次分明。

④ 留白：不要让画面过于拥挤，适当留白可以让观众的眼睛有休息的空间。

⑤ 动态构图：如果主体在移动，可以预测其运动轨迹，并在三分线上预留位置，如图 8-6 所示。

图 8-6　在三分线上预留位置

8.2　使用运动镜头拍摄日常自拍Vlog

使用运动镜头拍摄日常自拍 Vlog 是一种让视频内容更加生动、活泼和引人入胜的好方法。本节将介绍一些运镜拍摄技巧，帮助大家更好地利用运动镜头来拍摄日常自拍 Vlog。

8.2.1　使用正面跟随镜头拍摄人物

正面跟随镜头，通常指的是无人机正面朝向被拍摄的人物，并随着人物的移动而移动，以保持人物在画面中的位置。这种拍摄手法在日常自拍 Vlog 中很常见，尤其是在需要展现人物表情、动作和与观众建立联系时。下面介绍正面跟随镜头的作用。

① 建立情感联系：正面跟随镜头可以让观众更直接地看到人物的表情和反应，从而建立更强的情感联系。

② 增强互动性：当人物直视镜头时，可以创造出一种与观众对话的感觉，增强互动性。

❸ 突出人物：正面镜头可以突出人物，使其成为画面的焦点，使观众更加关注人物本身，而不是周围的背景或环境。

❹ 展示动作和表情：这种镜头可以很好地展示人物的动作细节和面部表情。

下面为大家介绍如何使用正面跟随镜头拍摄人物，视频效果如图 8-7 所示。

图 8-7 使用正面跟随镜头拍摄人物

❶ 让无人机飞到一定的高度，从人物的正面拍摄。

❷ 将右侧的摇杆向下推动，让无人机后退飞行，使用正面跟随镜头拍摄人物。

8.2.2 使用背面跟随镜头拍摄人物

扫码看教学视频

背面跟随镜头，即无人机位于被拍摄人物的背后，随着人物的移动而移动，通常用于展示人物所处的环境，以及人物在环境中的行动。下面介绍背面跟随镜头的作用。

❶ 展示环境：背面跟随镜头可以让观众看到人物所处的环境，更好地理解故事背景。

❷ 营造沉浸感：通过背面跟随，观众可以体验到与人物相同的视角，增加沉浸感和代入感。

❸ 保持神秘感：当不展示人物面部时，可以保持一定的神秘感，留给观众想象的空间。

❹ 强调行动：这种镜头可以强调人物的动作和移动方向，尤其是在进行某种任务或探索时。

下面为大家介绍如何使用背面跟随镜头拍摄人物，视频效果如图 8-8 所示。

图 8-8　使用背面跟随镜头拍摄人物

步骤01 打开遥控器中的 DJI Fly App，进入主界面，点击焦点跟随按钮，如图 8-9 所示。

图 8-9　点击焦点跟随按钮

步骤02 开启焦点跟随模式，点击人物身上的 按钮，如图 8-10 所示。

步骤03 框选人物作为目标，❶ 在弹出的面板中选择"聚焦"模式；❷ 点击拍摄按钮，如图 8-11 所示，拍摄视频。

步骤04 这时候无人机会紧紧锁住主体，用户只需要匀速向上推动右摇杆，就能使用背面跟随镜头拍摄人物，❶ 点击拍摄按钮，可以开始拍摄；❷ 点击

Stop（暂停）按钮，如图 8-12 所示，可以停止拍摄。遇到转弯的地方，需要适当左右推动左侧的摇杆。

图 8-10　点击人物身上的相应按钮

图 8-11　点击拍摄按钮

图 8-12　点击 Stop（暂停）按钮

8.2.3 使用侧跟＋环绕镜头拍摄人物

扫码看教学视频

侧跟＋环绕镜头是一种结合了侧面跟随和环绕拍摄的技巧，通常用于增加视觉动态和深度，同时展示人物的不同角度。下面是这种拍摄手法在 Vlog 中的作用。

❶ 展示多角度：通过侧跟和环绕，可以展示人物的不同侧面，使画面更加立体和全面。

❷ 增加动感：环绕镜头可以为 Vlog 带来动态变化，避免画面单调。

❸ 突出人物特征：侧面镜头可以突出人物的面部特征或身体动作。

❹ 建立空间关系：环绕镜头有助于展示人物与周围环境的空间关系。

❺ 增强叙事效果：这种镜头可以用来增强故事情节，如在对话或关键时刻使用，可以增加戏剧性。

下面介绍如何使用前进镜头拍摄人物，视频效果如图 8-13 所示。

图 8-13　使用侧跟＋环绕镜头拍摄人物

❶ 让无人机飞到一定的高度，拍摄人物的侧面。

❷ 将右侧的摇杆向右推动，让无人机向右飞行，跟随人物前进。

❸ 在跟随了一定的距离之后，将左侧的摇杆向左推动，让无人机开始环绕飞行，使用侧跟＋环绕镜头拍摄人物。

8.2.4 使用俯视跟随镜头拍摄人物

扫码看教学视频

俯视跟随镜头，即无人机从高处向下，跟随人物的移动拍摄，这种角度在 Vlog 中可以创造出独特的视觉效果和叙事效果。下面介绍俯视跟随镜头的作用。

❶ 展示环境全貌：俯视镜头可以展示人物所在环境的全貌，让观众对场景有更全面的了解，如图 8-14 所示。

图 8-14　展示环境全貌

❷ 突出人物位置：通过俯视角度，可以清晰地展示人物在环境中的位置，

有助于叙事和场景的建立。

❸ 创造压迫感：俯视镜头有时可以给观众一种人物被包围或压迫的感觉，适用于表现人物的孤立或弱小。

❹ 增加视觉新鲜感：与常见的平视或仰视角度不同，俯视角度可以带来新鲜的视觉体验。

❺ 简化背景：俯视镜头往往可以将不必要的背景元素排除在画面之外，使焦点更加集中。

下面介绍如何使用俯视跟随镜头拍摄人物，视频效果如图 8-15 所示。

图 8-15　使用俯视跟随镜头拍摄人物

❶ 让无人机飞到一定的高度，向左拨动云台俯仰拨轮，90°俯拍地面。

❷ 将右侧的摇杆向右上方推动，让无人机向右上方飞行，使用俯视跟随镜头拍摄人物。

8.2.5 使用后退拉高镜头拍摄人物

后退拉高镜头是一种常见的摄影技巧，指的是无人机在向后移动的同时逐渐抬高角度，从而创造出一种从近到远、从低到高的视觉效果。

后退拉高镜头和第 7 章中的上升后退镜头的作用是差不多的，适用于开场或结尾，可以营造一种壮观或深远的氛围，增强 Vlog 的情感表达。

下面介绍如何使用后退拉高镜头拍摄人物，视频效果如图 8-16 所示。

图 8-16 使用后退拉高镜头拍摄人物

❶ 让无人机飞到一定的高度，靠近俯拍人物。

❷ 将右侧的摇杆向下推动，让无人机后退飞行。

❸ 同时，将左侧的摇杆向上推动，让无人机上升飞行，使用后退拉高镜头拍摄人物。

第 9 章
情侣游玩 Vlog 的拍摄技巧

本章要点

拍摄情侣游玩 Vlog 不仅能记录美好的回忆，还能与观众分享甜蜜时刻。在拍摄时，尽量使用不同的角度和镜头（如广角、特写）来捕捉景色和互动，增加视频的多样性，并尽量让镜头下的情侣看起来自然、放松，不必刻意摆拍，真实的互动更打动人心。本章将为大家介绍相应的拍摄技巧，帮助大家打造一个温馨、有趣的情侣游玩 Vlog。

9.1 掌握情侣游玩Vlog的拍摄技巧

掌握情侣游玩 Vlog 的拍摄技巧，不仅可以帮助大家记录美好的时光，同时也能制作出吸引人的视频内容。本节将介绍一些实用的拍摄技巧。

9.1.1 选择在黄金时段拍摄

扫码看教学视频

黄金时段通常指的是日出和日落时分，这段时间内的自然光线柔和、温暖，可以为视频拍摄提供绝佳的光线条件。下面是选择在黄金时段拍摄 Vlog 的作用。

❶ 美妙的自然光：黄金时段的光线柔和，可以减少强烈的阴影和高光，使肤色和色彩更加自然和均匀。

❷ 丰富的色彩：在这个时间段，太阳光的角度低，能够产生长阴影和暖色调，为画面增添特别的色彩和氛围，如图 9-1 所示。

图 9-1　暖色调画面

❸ 增强情感表达：黄金时段的光线能够营造出温馨、浪漫的氛围，有助于表达情感和讲述故事。

❹ 提高画面质量：利用自然光拍摄可以减少对人工光源的依赖，从而提高画面质量。

下面介绍一些选择在黄金时段拍摄的技巧，帮助大家提升视频质量。

❶ 计划拍摄时间：提前查看日出和日落的时间，并规划好拍摄的时间和地点。

❷ 逆光拍摄：在黄金时段，可以尝试逆光拍摄，但要小心处理曝光，以免造成过曝或形成剪影效果。

❸ 注意白平衡：黄金时段的光线可能会影响白平衡，确保调整到正确的设置，以保持色彩自然。

❹ 捕捉长影：利用低角度的阳光创造有趣的长阴影效果，增加画面深度和层次。

❺ 快速行动：黄金时段的光线变化很快，要迅速行动，抓住最佳拍摄时机。

9.1.2 使用对比构图拍摄

扫码看教学视频

对比构图是一种通过在画面中设置对立或差异元素来增强视觉效果和表达主题的摄影技巧。在拍摄情侣游玩 Vlog 时，使用对比构图可以增加画面的趣味性和深度。下面是对比构图的作用。

❶ 增强故事性：对比构图可以帮助讲述更丰富的故事，通过视觉上的对比展现情侣之间的互动和情感差异。

❷ 突出主题：通过对比，可以更加突出情侣作为视频主体的地位，使观众更容易关注到他们。

❸ 增加视觉冲击力：对比强烈的画面能够吸引观众的注意力，增加视频的视觉冲击力。

❹ 深化情感表达：对比构图可以用来表达情侣之间的情感对比，如快乐与悲伤、亲密与疏远、活泼与安静等。图 9-2 所示为一对性格不同的情侣，一个外向、一个内向，这种对比可以产生不一样的化学反应。

图 9-2　性格不同的情侣

下面为大家介绍一些具体的使用对比构图的技巧，帮助大家快速掌握。

❶ 大小对比：利用前景和背景中情侣与周围环境的大小差异，创造出强烈的视觉对比。例如，情侣在广阔的自然景观前拥抱，形成大小对比。

❷ 色彩对比：使用色彩的反差来创造对比，如一个穿着颜色鲜艳的衣服，另一个穿着素色衣服。例如，情侣中一人穿红色衣服，另一人穿蓝色衣服，形成色彩对比。

❸ 明暗对比：利用光线的明暗差异，将情侣中的一人置于亮部，将另一人置于阴影中。例如，一人站在阳光下，另一人站在阴影中。

❹ 动静对比：在一个动态的场景中，情侣中的一个人动，另一个人静，或者反之。例如，情侣中的一个人在玩耍，而另一个人静静地观看。

❺ 情感对比：通过表情和肢体语言展现情侣之间的情感差异。例如，情侣中的一个人笑容满面，而另一个人看起来深沉或忧郁。

❻ 构图位置对比：在画面中将情侣放置于不同的构图位置，如一个在画面的一边，另一个在另一边。例如，使用三分法构图，将情侣分别放在画面的左右两侧。

❼ 使用道具对比：比如一个拿着冰激凌，另一个拿着热咖啡。

❽ 服装风格对比：让情侣穿着风格迥异的服装，如一个休闲，另一个正式。

❾ 拍摄角度对比：使用不同的角度拍摄，比如一个高角度，另一个低角度，如图 9-3 所示，形成高度差。

图 9-3　高角度与低角度对比

9.1.3　利用环境营造氛围感

在拍摄情侣游玩 Vlog 时，利用环境营造氛围感是非常重要的，它能够让观众更好地沉浸在视频所讲述的故事中，感受到情侣之间的

扫码看教学视频

情感和游玩的乐趣。下面介绍利用环境营造氛围感的一些作用。

❶ 增强情感表达：环境元素可以帮助传达情侣之间的情感状态，如浪漫、快乐、温馨等。

❷ 提升故事性：合适的环境能够作为故事背景，增加视频的深度和层次。

❸ 吸引观众的注意力：独特的环境能够吸引观众的注意力，提升观众的观看体验。

❹ 强化记忆点：环境中的特定元素可以成为视频的亮点，让观众记忆深刻。

如何有效地利用环境营造氛围感，使情侣游玩 Vlog 更加生动、有趣，并能够触动观众的情感呢？下面为大家介绍一些技巧。

❶ 选择合适的地点：选择能够反映情侣个性和情感状态的地点，如海滩、公园、咖啡馆等；或者利用地标性建筑或自然景观作为背景，增加视觉兴趣点，如图 9-4 所示。

图 9-4　利用地标性建筑或自然景观作为背景

❷ 利用光线：利用自然光，如日出、日落时的柔和光线，营造浪漫氛围。使用人工光源，如街灯、霓虹灯，营造夜晚的温馨或神秘感。

❸ 季节和天气：选择不同的季节和天气条件，如春天的樱花、冬天的雪花，增强氛围感。利用雨、雾等特殊天气条件，营造独特的情感氛围。

❹ 色彩搭配：利用色彩心理学，选择能够表达特定情感的色彩，如温暖的黄色、浪漫的粉色。后期通过调色，强化或改变环境色彩，营造特定的氛围。

❺ 构图和视角：使用广角镜头捕捉宏大的场景，增强空间感。采用低角度拍摄，使人物和环境形成有趣的互动。

❻ 环境元素互动：让情侣与环境中的元素互动，如玩水、喂鸽子、在草地上奔跑等。利用环境中的道具，如秋千、长椅、自行车等，增加故事性。

❼ 声音设计：收录环境音，如海浪声、鸟鸣声、人群喧哗声，增强现场感。后期添加背景音乐，选择与环境和情感相匹配的音乐。

❽ 细节捕捉：注意捕捉环境中的细节，如落叶、光影等，丰富画面层次。

9.1.4 拍摄情侣互动镜头

在拍摄情侣游玩 Vlog 时，情侣之间的互动镜头是传递情感和故事的关键部分。下面介绍拍摄情侣互动镜头的作用。

扫码看教学视频

❶ 展示关系：互动镜头能够展示情侣之间的亲密关系和情感联系。

❷ 增强故事性：通过互动，可以为 Vlog 增添故事情节，使内容更加丰富和具有吸引力。

❸ 引发共鸣：观众通过观看情侣之间的互动，可能会产生共鸣，从而增加观看的投入感。

❹ 传达情感：互动镜头能够有效地传达情侣之间的爱意、快乐、幽默等情感。

有效地拍摄情侣互动镜头，可以制作出充满情感和故事性的情侣游玩 Vlog。下面介绍一些技巧。

❶ 自然互动：鼓励情侣自然地互动，不要刻意摆拍，以捕捉最真实的情感流露；可以在不告知情侣的情况下进行偷拍，以获得更自然的反应。

❷ 亲密构图：使用亲密构图，如特写镜头，捕捉情侣之间的细微表情和动作。利用框架构图，将情侣置于环境中的某个框架内，如门框、窗框等。

❸ 细节捕捉：捕捉亲吻、拥抱、手牵手等细节动作，如图 9-5 所示，这些是展现情侣关系的重要元素。捕捉眼神交流和微笑等表情，这些能够传达深厚的情感。

图 9-5　拥抱、手牵手

❹ 情境设置：创造或选择有趣的情境，如挑战游戏、互赠礼物等，以增加互动的趣味性。在特定的环境中，如海滩散步、山顶看日出，设置互动情节。

❺ 提前沟通：与情侣沟通，了解他们的故事和喜好，这样可以在拍摄时更

好地引导和捕捉他们的互动。

9.1.5 前景与背景结合

在拍摄情侣游玩 Vlog 时，巧妙地结合前景与背景可以增强画面的层次感和故事性。下面介绍前景与背景结合的作用。

扫码看教学视频

❶ 增强视觉深度：通过前景和背景的对比，可以给画面增加深度，使观众感受到画面的立体感。

❷ 突出主题：前景可以用来突出情侣，而背景则提供了故事发生的场景，两者结合有助于明确视频的主题。

❸ 营造氛围：背景可以传达地点的氛围，而前景中的情侣互动则为这种氛围增添了情感色彩。

❹ 引导视线：通过前景元素可以引导观众的视线进入画面，到达背景中的情侣，从而创造流畅的视觉路径。

如何在情侣游玩 Vlog 中有效地结合前景与背景，创造出既有深度又有情感的画面呢？下面介绍一些拍摄技巧。

❶ 选择合适的前景：使用与主题相关的前景元素，如花朵、树木、地标等，来增强画面的意义。确保前景元素不会过于杂乱，以免分散观众对情侣的注意力。

❷ 构图技巧：利用前景元素来框定画面，如通过门框、树枝等自然框架来突出情侣。

❸ 背景选择：选择能够讲述故事的背景，如著名景点、有特色的小巷或自然风光，确保背景与情侣的活动和情感相匹配。

❹ 加强互动：让情侣与前景元素互动，如坐在长椅上、靠在栏杆上，这样可以更好地融合前景和背景。

❺ 色彩搭配：注意前景和背景的色彩搭配，使用对比色或和谐色来增强视觉效果，如图 9-6 所示，蓝色和绿色是和谐色。

图 9-6　前景和背景是和谐色

9.2 使用运动镜头拍摄情侣游玩Vlog

使用运动镜头拍摄情侣游玩 Vlog 可以增添动态感和趣味性，让观众仿佛身临其境地跟随情侣的脚步，感受他们的情感。本节将介绍一些运镜拍摄技巧，帮助大家更好地利用运动镜头来拍摄情侣游玩 Vlog。

9.2.1 使用后退镜头拍摄情侣

后退镜头，也称为"拉远镜头"或"退镜头"，是一种在拍摄中逐渐远离拍摄对象的镜头技巧。后退镜头可以让观众逐渐看到情侣所处的整个环境，从而更好地理解故事背景。这种镜头运动可以为视频增加动态感，避免画面单调。

下面为大家介绍如何使用后退镜头拍摄情侣，视频效果如图 9-7 所示。

图 9-7　使用后退镜头拍摄情侣

❶ 让无人机飞到一定的高度，拍摄情侣前面的风光。

❷ 将右侧的摇杆向下推动，让无人机后退飞行，越过情侣，使用后退镜头拍摄情侣。

9.2.2 使用下降镜头拍摄情侣

下降镜头可以展示人物与周围环境的关系，让观众了解情侣所处的具体位置和场景。随着镜头下降，可以逐渐将焦点从环境转移到情侣身上，突出视频的主题。

扫码看教学视频

下面为大家介绍如何使用下降镜头拍摄情侣，视频效果如图9-8所示。

图9-8 使用下降镜头拍摄情侣

❶ 让无人机飞到一定的高度，在情侣的头顶拍摄前面的风光。

❷ 将左侧的摇杆向下推动，让无人机下降飞行，使用下降镜头拍摄情侣。

9.2.3 使用侧飞镜头拍摄情侣

扫码看教学视频

侧飞镜头可以让观众看到更宽广的场景，展示情侣游玩的环境。这种镜头可以为视频带来流畅的动态效果，使画面更加生动。当情侣在行走或进行某种活动时，侧飞镜头可以很好地跟随他们的动作。

下面介绍如何使用侧飞镜头拍摄情侣，视频效果如图 9-9 所示。

图 9-9 使用侧飞镜头拍摄情侣

❶ 让无人机飞到一定的高度，拍摄正在嬉戏的情侣。

❷ 将右侧的摇杆向右推动，让无人机向右飞行，直到画面中心的情侣出现在左三分线左右的位置，使用侧飞镜头拍摄情侣。

9.2.4 使用竖拍环绕镜头拍摄情侣

在第 2 章的 2.5.2 一节中有使用竖拍模式的教学,此处就是开启竖拍模式拍摄的环绕镜头。通过环绕拍摄,可以展示情侣的全身以及他们周围的环境。让观众感觉仿佛置身于情侣游玩的场景之中,提升观看体验。

扫码看教学视频

下面介绍如何使用侧飞镜头拍摄情侣,视频效果如图 9-10 所示。

图 9-10 使用竖拍环绕镜头拍摄情侣

❶ 让无人机飞到一定的高度,拍摄正在跳舞的情侣。

❷ 将右侧的摇杆向右推动,让无人机向右飞行。

❸ 同时,将左侧的摇杆向左推动,让无人机环绕飞行,使用竖拍环绕镜头拍摄情侣。

9.2.5 使用侧跟下摇镜头拍摄情侣

侧跟下摇镜头是一种无人机从侧面跟随拍摄对象,并逐渐向下摇动的拍摄技巧。这种镜头可以创造出特定的视觉效果和情感氛围,尤其是在情侣游玩 Vlog 中,可以用来增强故事叙述和情感表达。下面是侧跟下摇镜头的作用。

❶ 动态视角:侧跟下摇镜头为视频增加了动态视角,使画面更加生动和有趣。

❷情感连接：通过镜头的移动，可以加强观众与情侣之间的情感联系。

❸展示细节：镜头下摇可以逐渐展示情侣的更多细节。

❹环境融入：随着镜头的下摇可以自然地纳入周围的环境，展示情侣与游玩地点的互动。

下面介绍如何使用侧跟下摇镜头拍摄情侣，视频效果如图9-11所示。

图9-11 使用侧跟下摇镜头拍摄情侣

❶让无人机飞到一定的高度，从情侣的侧面拍摄。

❷将右侧的摇杆向右推动，让无人机跟随情侣向右飞行。

❸同时，向左拨动云台俯仰拨轮，让镜头往下摇，使用侧跟下摇镜头拍摄情侣。

9.2.6 使用跟随前飞镜头拍摄情侣

扫码看教学视频

跟随前飞镜头可以给观众带来强烈的动态感和身临其境的体验。这种镜头可以很好地展示情侣在游玩过程中的前进感,增加画面的动感和活力。前飞镜头可以展示情侣周围的环境,让观众感受到他们探索新地方的过程。

下面介绍如何使用跟随前飞镜头拍摄情侣,视频效果如图 9-12 所示。

图 9-12 使用跟随前飞镜头拍摄情侣

❶ 让无人机飞到一定的高度,从情侣的背面拍摄。

❷ 将右侧的摇杆,向上推动,让无人机前进飞行,跟随情侣奔跑。

❸ 在跟随的同时,加大向上推动摇杆的力度,越过情侣,并向上推动左侧的摇杆,拍摄情侣前方的风光,展现别样的画面。

第 10 章
家庭露营 Vlog 的拍摄技巧

本章要点

家庭露营 Vlog 是一种记录家庭户外活动、体验自然和增进亲子关系的视频日志。拍摄家庭露营 Vlog 不仅可以记录珍贵的家庭时光，还能分享给更多的人体验户外生活的乐趣。在拍摄过程中，需要始终将安全放在首位，确保家庭成员的安全，避免在危险的环境中进行拍摄。尽量保持 Vlog 的真实性和自然性，不要过分追求画面效果而忽略了露营本身的乐趣。本章将为大家介绍一些拍摄家庭露营 Vlog 的技巧，帮助大家拍出精彩、有趣的家庭露营 Vlog。

10.1 掌握家庭露营Vlog的拍摄技巧

掌握家庭露营 Vlog 的拍摄技巧，用户可以更好地记录露营的美好时光，并制作出好看和吸引人的视频内容。本节将介绍一些详细的拍摄技巧。

10.1.1 选择合适的光线和天气

扫码看教学视频

在拍摄家庭露营 Vlog 时，选择合适的光线和天气对于视频的最终效果至关重要。下面介绍选择合适的光线和天气的作用。

❶ 提升视觉效果：合适的光线和天气可以增强画面的色彩、对比度和细节。

❷ 营造氛围：不同的光线条件可以营造不同的情绪和氛围。

❸ 减少后期工作量：自然光拍摄往往能减少对后期处理的依赖。

❹ 安全和稳定性：选择合适的天气可以确保露营和拍摄过程的安全。稳定的天气条件也有利于执行拍摄计划和保护设备。

下面介绍一些选择合适的光线和天气的技巧，帮助大家提升家庭露营 Vlog 的视觉效果。

❶ 选择黄金时段拍摄：日出和日落时分的光线柔和，可以拍摄出温暖、自然的画面。早上的黄金时段大约在日出后一小时，晚上的黄金时段在日落前一小时，如图 10-1 所示。

图 10-1　日落前一小时

❷ 选择在晴天拍摄：晴朗的天气提供了充足的光线，适合拍摄广阔的户外场景，不过需要注意避免直射阳光造成的过曝和强烈的阴影。

❸ 观察天气变化：提前查看天气预报，选择最适合拍摄的时间段。

10.1.2 选择合适的地点

扫码看教学视频

选择合适的地点对于拍摄家庭露营 Vlog 也很重要，它不仅能够提升视频的整体质量，还能增强观众的观看体验。下面是选择合适地点的作用。

❶ 增强视觉效果：一个风景如画的地点能够提供丰富的视觉元素，使视频更加吸引人，如图 10-2 所示。

❷ 提供多样性：不同的露营地点，可以提供不同的活动和场景，增加视频内容的多样性。

❸ 营造氛围：地点的选择可以直接影响视频的氛围，有助于传达特定的情感和主题。

❹ 提升安全性：选择一个安全可靠的地点可以确保家庭成员的安全，减少意外发生的风险。

选择合适的地点，可以为家庭露营 Vlog 的制作提供一个坚实的基础，确保拍摄过程顺利，同时也能创造出一个难忘的家庭体验。下面为大家介绍一些具体的技巧。

图 10-2 风景如画的地点

❶ 预先调研：在线查找可能的露营地点，查看他人的评价和照片。了解目的地的天气模式、地形特征和可用的设施。

❷ 考虑交通的便利性：选择易于到达的地点，特别是对家庭露营来说，避免过于偏远或不方便的地点。

❸ 自然美景：选择靠近湖泊、河流、山脉或森林的地点，这些自然元素可以为视频增添美感。考虑日出和日落的方位，以便拍摄美丽的晨曦和晚霞。

❹ 背景和构图：考虑背景的整洁和吸引力，避免杂乱的元素分散观众的注意力。利用自然元素作为构图的一部分，如使用树木、岩石或水面作为前景或背景。

❺ 选择季节：考虑露营地点在不同季节的特点，选择最适合拍摄的季节。了解不同季节的天气情况，做好相应的准备。

❻ 遵守规定：确保遵守露营地点的规定和指南，比如不允许生火或限制宠物的地方。

10.1.3 多角度拍摄画面

扫码看教学视频

在拍摄家庭露营 Vlog 时，多角度拍摄画面可以极大地丰富视频内容，提高观众的观看体验。下面介绍多角度拍摄的作用。

❶ 增加视觉多样性：不同的角度可以展示露营地点的不同面貌，使视频更加生动和有趣。

❷ 强化叙事：通过不同角度的镜头，可以更好地讲述故事，增强叙事深度。

❸ 展现空间关系：有助于观众理解场景中各个元素之间的空间关系。

❹ 提升专业感：多样化的镜头角度会让视频看起来更加专业。

下面为大家介绍多角度拍摄的一些技巧，帮助大家制作出一个内容丰富、视角多样、充满故事性的家庭露营 Vlog。

❶ 高角度拍摄：展示营地的全貌和家庭成员的活动。高角度适合拍摄帐篷、烧烤聚餐等场景，如图 10-3 所示。

图 10-3　高角度拍摄帐篷

❷ 低角度拍摄：捕捉从下往上的视角，可以强调天空和地面元素。低角度适合拍摄家庭成员在自然中的互动。

❸ 水平角度拍摄：与被摄对象保持同一水平线，可以更好地捕捉人物的表情和动作。水平角度适合拍摄对话、烹饪和野餐等场景。

❹ 创意角度：尝试一些创意角度，如通过树叶缝隙、水面反射等，为视频增添艺术感。

10.1.4 使用斜线构图拍摄

扫码看教学视频

斜线构图是一种在摄影和视频制作中常用的构图技巧，它通过在画面中引入斜线元素，创造出动态、有趣和富有引导性的视觉效果。在拍摄家庭露营 Vlog 时，斜线构图具有以下作用。

❶ 增加动感：斜线能够引导观众的视线，使画面看起来更加生动和充满活力。

❷ 引导注意力：斜线可以用来引导观众的注意力到重要元素或主题上。

❸ 创造深度：斜线可以用来表现画面的三维空间感，增加深度和层次。

❹ 打破单调：能够打破垂直或水平构图的平淡无奇，使画面更具趣味性。
如何使用斜线构图拍摄呢？下面介绍一些技巧。

❶ 利用地形：利用营地的自然地形，如小径、河流、山丘等，作为斜线元素。

❷ 人物姿态：拍摄家庭成员在斜坡上玩耍或休息的画面。

❸ 拍摄角度：调整无人机的角度，使地平线或露营地的边缘形成斜线，如图 10-4 所示。

图 10-4　使用斜线构图拍摄

❹ 道具使用：利用露营装备，如帐篷绳索、吊床、晾衣绳等，作为斜线元素。

❺ 光影效果：在拍摄日落或日出时，树木、帐篷等会在地面上形成斜影。

❻ 动态元素：捕捉家庭成员在活动中形成的斜线动态，如投掷飞盘、玩球等。

虽然斜线构图强调动感，但也要注意画面的平衡，避免过于倾斜导致观众不适。在后期编辑中，可以通过裁剪或旋转画面来创造斜线构图效果。注意：不要过度裁剪，以免损失画面质量。

10.1.5 拍摄夕阳剪影画面

拍摄夕阳剪影画面可以为家庭露营 Vlog 增添浪漫和温馨的氛围，同时也能强化故事的情感表达。下面介绍夕阳剪影画面在 Vlog 中的重要作用。

扫码看教学视频

❶ 情感表达：夕阳剪影往往能够传递出温馨、浪漫或深沉的情感，增强视频的感染力。

❷ 视觉焦点：剪影可以简化画面，去除细节，使观众的注意力集中在人物形态和场景氛围上。

❸ 氛围营造：夕阳的光线能够营造一种特定的时刻感，让露营更加难忘。

❹ 故事叙述：剪影可以作为 Vlog 中的视觉叙事工具，通过人物的动作和姿态讲述故事。

下面介绍一些技巧，帮助大家拍摄出令人印象深刻的夕阳剪影画面，为观众带来美好的视觉体验，产生深刻的情感共鸣。

❶ 选择时机：在日落前后拍摄，这时的光线柔和、色温较低，适合营造温馨的氛围，如图 10-5 所示。

图 10-5　拍摄夕阳剪影画面

❷ 位置选择：选择开阔的地点，确保太阳光线没有被遮挡。确保人物处于太阳和相机之间，以形成清晰的剪影。

❸ 构图：使用简洁的背景，如天空、水面或平坦的地面，以突出剪影效果；或者利用人物的动作和姿态创造有趣的轮廓。

❹ 曝光调整：对准夕阳进行曝光，确保人物呈现为剪影效果，不要过度曝光。如果使用的是自动模式，可以使用曝光补偿功能降低曝光值。

10.2 使用运动镜头拍摄家庭露营Vlog

使用运动镜头拍摄家庭露营 Vlog 可以为观众带来身临其境的感觉，使视频更加生动、有趣。本节将介绍一些具体的技巧和建议，帮助用户更好地利用运动镜头记录难忘的家庭露营经历。

10.2.1 使用前进镜头拍摄露营地

通过前进镜头，可以从较远的视角逐渐引入露营地，为观众展示环境全貌。随着镜头推近，可以逐渐聚焦到特定的细节或人物上，引导观众的注意力。

扫码看教学视频

下面为大家介绍如何使用前进镜头拍摄露营地，视频效果如图 10-6 所示。

图 10-6　使用前进镜头拍摄露营地

❶ 让无人机飞到一定的高度,拍摄露营地。

❷ 将右侧的摇杆向上推动,让无人机前进飞行,使用前进镜头拍摄露营地。

10.2.2 使用低角度倒飞镜头拍摄露营地

扫码看教学视频

使用低角度拍摄可以使主体显得更加高大、重要,为露营地的帐篷或人物赋予更强的存在感。倒飞镜头能够展示露营地的广阔空间,让观众感受到周围环境的宽敞,能提供与传统视角不同的新鲜感,增加Vlog 的观赏性和趣味性。低角度倒飞镜头还可以传达出一种自由、轻松或探险的情感。

下面介绍如何使用低角度倒飞镜头拍摄露营地,视频效果如图 10-7 所示。

图 10-7 使用低角度倒飞镜头拍摄露营地

❶ 让无人机飞到一定的高度，以低角度拍摄帐篷。
❷ 将右侧摇杆向下推动，让无人机后退飞行，使用低角度倒飞镜头进行拍摄。

10.2.3 使用上升俯视镜头拍摄露营地

上升俯视镜头，即从低处向上飞行无人机，直到从高处向下俯视拍摄对象的镜头，这种拍摄手法在家庭露营 Vlog 中可以创造出宏观的视角和动态的视觉效果。通过上升俯视，可以展示露营地的全貌，让观众对整个场景有一个宏观的了解。

下面介绍如何使用上升俯视镜头拍摄露营地，视频效果如图 10-8 所示。

图 10-8　使用上升俯视镜头拍摄露营地

❶ 让无人机飞到一定的高度，拍摄帐篷。
❷ 将左侧的摇杆向上推动，让无人机上升飞行。

❸ 之后,向左拨动云台俯仰拨轮,让无人机边上升高度边进行俯拍。

10.2.4 使用向左飞行镜头拍摄露营地

扫码看教学视频

向左飞行镜头可以展示露营地的广阔环境,让观众看到帐篷、自然景观和活动区域的全貌。从右至左移动可以引导观众的视线,创造一种视觉上的流畅感。当镜头向左移动时,可以自然地将露营地的某个重点区域或活动引入画面,突出主题。

下面介绍如何使用向左飞行镜头拍摄露营地,视频效果如图 10-9 所示。

图 10-9 使用向左飞行镜头拍摄露营地

❶ 让无人机飞到一定的高度,拍摄帐篷。

❷将右侧的摇杆向左推动,让无人机向左飞行,使用向左飞行镜头拍摄户外露营地。

10.2.5 使用前进右飞镜头拍摄活动

扫码看教学视频

让镜头在前进的同时向右飞行,可以自然地将重点活动或人物引入画面中心。通过这种镜头,可以展示露营活动的进展,如从搭建帐篷到生火做饭的过程。

下面介绍如何使用前进右飞镜头拍摄活动,视频效果如图 10-10 所示。

图 10-10 使用前进右飞镜头拍摄活动

❶让无人机飞到一定的高度,以帐篷为前景,拍摄烧烤活动。
❷将右侧的摇杆向上推动,让无人机前进飞行。

❸ 然后,将左侧的摇杆向右推动一段距离,让无人机微微向右旋转飞行,以人群为画面中心,使用前进右飞镜头拍摄活动。

10.2.6 使用顺时针环绕镜头拍摄活动

扫码看教学视频

在拍摄露营活动时,可以将被摄对象置于画面中心,通过环绕来强调其重要性。通过环绕镜头,可以全面展示露营地的环境和布局。让观众感受到身临其境的效果,仿佛他们也在露营现场。

下面介绍如何使用顺时针环绕镜头拍摄活动,视频效果如图 10-11 所示。

图 10-11 使用顺时针环绕镜头拍摄活动

❶ 让无人机飞到一定的高度,拍摄烧烤活动。

❷ 将右侧的摇杆向左推动，让无人机向左飞行。

❸ 同时，将左侧的摇杆向右推动，让无人机环绕飞行，使用顺时针环绕镜头拍摄烧烤活动。

10.2.7　使用俯视旋转上升镜头拍摄活动

俯视旋转上升镜头结合了垂直上升和旋转两个动作，可以清晰地展示露营地点与周围环境的空间关系。随着镜头的上升和旋转，可以逐渐突出某个特定的活动或对象，为Vlog增加了动感和活力。

扫码看教学视频

下面介绍如何使用俯视旋转上升镜头拍摄活动，视频效果如图10-12所示。

图10-12　使用俯视旋转上升镜头拍摄活动

❶ 让无人机飞到一定的高度，向左拨动云台俯仰拨轮，垂直俯拍烧烤活动。

❷ 将左侧的摇杆向右上方推动，让无人机旋转上升飞行，使用俯视旋转上升镜头拍摄活动。

第 11 章
户外运动 Vlog 的拍摄技巧

本章要点

大疆 Neo 是一款便携式无人机,非常适合用于拍摄户外运动 Vlog。它具有轻巧的设计和高性能的摄像头,能够捕捉到高质量的影像素材。相比传统摄像机,无人机的灵活性更高,可以在不同的高度和角度进行拍摄,从而创造出更多样化的视觉效果。尽管无人机技术听起来复杂,但大疆 Neo 无人机的设计已经非常人性化,即使是初学者也能很快上手。本章将为大家介绍拍摄户外运动 Vlog 的技巧。

11.1 掌握户外运动Vlog的拍摄技巧

有了大疆 Neo 无人机，可以通过航拍追踪运动者的动作，为跑步、骑行、滑雪等户外运动提供动态的、电影级别的视角。大疆 Neo 无人机为个人创作者提供了无限的创意空间，使个人创作者可以制作出独特的视觉作品。本节将介绍一些户外运动 Vlog 的拍摄技巧。

11.1.1 选择具有透视感的场景

在拍摄户外运动 Vlog 时，选择具有透视感的场景可以增强视觉深度和动感，使画面更加吸引人。下面是一些选择具有透视感场景的作用。

扫码看教学视频

❶ 增强深度：透视感可以让观众感受到空间的深度，使画面更加立体。

❷ 引导视线：透视线条可以引导观众的视线，聚焦到画面中的重要元素，如运动者。

❸ 增加动感：透视线条可以增强运动的感觉，使 Vlog 更加生动。

❹ 创造专业感：恰当的透视处理可以让 Vlog 看起来更加专业和精心制作。

下面介绍一些技巧，帮助大家有效地在户外运动 Vlog 中创造出具有透视感的场景，使作品更加引人入胜。

❶ 使用线性透视：利用道路、轨道、河流等线性元素，将它们作为延长线从画面近端延伸到远端，形成透视效果。图 11-1 所示为利用道路形成透视效果的画面。找到场景中的汇聚点（消失点），如道路的尽头，将运动者放置在这些线条上，可以增强画面的透视感。

图 11-1 利用道路形成透视效果

❷ 构图技巧：采用低角度拍摄可以增强透视感，使运动者显得更加高大和有力量。在画面中加入前景元素，如树木、栏杆等，可以增加画面的深度。

❸ 镜头选择：使用广角镜头可以夸张透视效果，尤其是在近距离拍摄时。

11.1.2 注意人物的服装色彩

扫码看教学视频

在拍摄户外运动 Vlog 时，人物的服装色彩对于画面的视觉效果和整体氛围有着重要的影响。下面是一些关于服装色彩的作用。

❶ 视觉吸引力：鲜艳的服装色彩可以吸引观众的注意力，使主角在画面中更加突出，如图 11-2 所示，人物身穿玫红色的裤子在冷色调的场景中，变得非常突出。

图 11-2　鲜艳的服装色彩

❷ 情感表达：不同的色彩可以传达不同的情感和氛围，如温暖的色彩给人舒适感，冷色调则显得更加清新。

❸ 环境融合：服装色彩与环境的融合程度会影响画面的和谐感，合适的色彩搭配可以使人物更好地融入或突出于环境。

利用服装色彩可以增强户外运动 Vlog 的视觉效果，使人物更加突出，同时保持画面的和谐与美感。下面为大家介绍一些使用技巧。

❶ 色彩对比：使用对比色使人物在环境中脱颖而出，例如，在绿色的森林中穿着橙色或红色服装。

❷ 色彩搭配：选择与运动类型相匹配的色彩，如跑步时可以选择活力十足的亮色系。

❸ 考虑光线影响：在不同的光线条件下，色彩会有不同的表现。例如，阴天时色彩可能会显得更加饱和。

❹ 环境协调：在色彩丰富的环境中，选择简洁的服装色彩，可以避免色彩冲突。在色彩单一的环境中，可以使用鲜艳的服装色彩来增加视觉兴趣。

11.1.3 使用中心构图拍摄

扫码看教学视频

中心构图是一种经典的摄影构图方式，它将拍摄主体放置在画面的中心位置。在拍摄户外运动 Vlog 时，中心构图具有以下作用。

❶ 突出主体：将运动主体放在画面中心，可以迅速吸引观众的注意力，使其成为焦点。图 11-3 所示为使用中心构图拍摄在户外行驶的汽车，非常突出。

图 11-3 使用中心构图拍摄汽车

❷ 清晰传达：中心构图简单明了，有助于观众快速理解画面内容，尤其是在动态的户外运动场景中。

❸ 稳定性：中心构图往往给人一种稳定和平衡的感觉，适合表现静态或瞬间静止的动作。

❹ 适合动态场景：在快速移动的户外运动中，中心构图可以帮助观众跟踪主体，尤其是在跟随拍摄时。

利用中心构图来拍摄户外运动 Vlog，可以创造出焦点明确、视觉冲击力强的画面。下面为大家介绍一些使用技巧。

❶ 保持平衡：虽然主体位于中心，但也要注意画面的整体平衡，避免其他元素过于集中在画面的某一侧。

❷简化背景：为了让主体更加突出，尽量选择简洁的背景，减少分散观众注意力的元素。

❸利用对称：如果场景中存在对称元素，可以利用中心构图来强化这种对称性，增加画面的美感。

11.1.4 捕捉人物的动态瞬间

捕捉户外运动人物的动态瞬间对 Vlog 来说至关重要，它能够让观众感受到运动的活力和紧张感。下面是捕捉动态瞬间的作用。

扫码看教学视频

❶展现运动的美感：动态瞬间能够展现运动的力量、速度和优雅，提升视觉冲击力。

❷增加故事性：通过捕捉关键时刻，如起跳、冲刺、庆祝等，可以增强 Vlog 的故事性和情感表达。图 11-4 所示为捕捉人物踏上滑板的运动瞬间。

图 11-4　捕捉运动瞬间

❸吸引观众的注意力：动态瞬间往往充满戏剧性，能够迅速吸引观众的注意力，提高观看兴趣。

❹传递情感：动态瞬间能够传递运动员的激情、专注和喜悦等情感，使观众产生共鸣。

下面介绍一些技巧，帮助大家学会捕捉人物的动态瞬间。

❶预判动作：观察并理解运动的基本规律，预测运动员的动作，提前准备好拍摄位置和角度。对于重复性动作，可以观察几次后确定最佳的拍摄时机。

❷跟随拍摄：使用跟随拍摄技巧（如平移或摇摄），保持主体在画面中的位置，展现动态效果。练习平稳的相机移动，避免过度抖动。

❸ 后期筛选：前期多拍摄素材，在拍摄结束后，可以从大量的照片中筛选出最能够表达动态瞬间和情感的图片或视频片段。

11.1.5 使用跟随模式拍摄

大疆 Neo 无人机的跟随模式可以持续对准运动的主体，确保在快速移动的情况下，主体在画面中依然清晰可见。跟随模式还可以让观众感觉自己就在运动现场，随着主体的移动而移动，从而提高观众的参与感和沉浸感。

下面为大家介绍如何使用跟随模式拍摄，视频效果如图 11-5 所示。

图 11-5 使用跟随模式拍摄的视频效果

步骤 01 打开遥控器中的 DJI Fly App，进入主界面，点击焦点跟随按钮，如图 11-6 所示。

步骤 02 开启焦点跟随模式，点击人物身上的按钮，如图 11-7 所示。

步骤 03 框选人物作为目标，❶ 在弹出的面板中选择"跟随"模式；❷ 点击拍摄按钮，如图 11-8 所示，拍摄视频。

图 11-6　点击焦点跟随按钮

图 11-7　点击人物身上相应的按钮

图 11-8　点击拍摄按钮

步骤 04 这时候无人机会紧紧锁住主体，并自动跟随人物，❶ 点击 Stop（暂停）按钮，可以停止跟随；❷ 点击停止拍摄按钮■，如图 11-9 所示，可以停止拍摄。

图 11-9　点击 Stop（暂停）按钮

11.2　使用运动镜头拍摄户外运动Vlog

大疆 Neo 无人机为户外运动爱好者提供了一个全新的视角来记录他们的冒险之旅。本节将为大家详细介绍一些使用运动镜头拍摄户外运动 Vlog 的技巧。

11.2.1　下摇后拉拍摄滑板运动

下摇后拉镜头结合了两个动作：首先是无人机从高处向下摇摄，然后从当前位置向后拉远（即远离拍摄对象）。在拍摄滑板运动 Vlog 时，这种运镜具有以下作用。

扫码看教学视频

❶ 展示环境：下摇动作可以帮助观众了解滑板运动的整个环境，包括场景的布局或人物所处的背景。

❷ 突出动作：通过下摇镜头，可以突出滑板操作者的动作和技巧，尤其是在完成高难度动作时。

❸ 建立场景：下摇后拉可以帮助建立场景的深度和空间感，让观众感受到滑板运动的立体空间。

❹ 创造动态感：这种拍摄方式可以为画面增添动态感，使滑板运动 Vlog 更加生动和吸引人。

下面介绍如何使用下摇后拉镜头拍摄滑板运动，视频效果如图 11-10 所示。

图 11-10 使用下摇后拉镜头拍摄滑板运动

❶ 让无人机飞到一定的高度，向右拨动云台俯仰拨轮，从人物背面仰拍。
❷ 向左拨动云台俯仰拨轮，让无人机往下摇。
❸ 同时，将右侧的摇杆向下推动，让无人机后退飞行，远离人物。

11.2.2 后退环绕拍摄滑板运动

后退环绕镜头是无人机一边后退，一边围绕被摄对象进行环绕拍摄的。这种技巧在拍摄户外运动 Vlog，尤其是滑板运动时，可以非常有效地展现运动的全貌和动态感，使画面更加生动。

下面介绍如何使用后退环绕镜头拍摄滑板运动，视频效果如图 11-11 所示。

扫码看教学视频

图 11-11 使用后退环绕镜头拍摄滑板运动

❶ 让无人机飞到一定的高度，拍摄正在进行滑板运动的人物。

❷ 将右侧的摇杆向右下方推动，让无人机向右侧飞行，并远离人物。

❸ 同时，将左侧的摇杆向左推动，让无人机环绕飞行。

11.2.3 旋转右飞拍摄滑板运动

扫码看教学视频

旋转和右飞结合能够为滑板运动额外增加动感，使画面更加生动。通过旋转右飞，可以清晰地展示滑板运动员的移动轨迹和动作细节。

下面介绍如何使用旋转右飞镜头拍摄滑板运动，视频效果如图 11-12 所示。

图 11-12　使用旋转右飞镜头拍摄滑板运动

❶ 让无人机飞到一定的高度，拍摄正在进行滑板运动的人物。
❷ 将左侧的摇杆向右推动，让无人机向右旋转飞行，跟拍人物。
❸ 将右侧的摇杆向右上方推动，让无人机向右上方前飞。
❹ 向右拨动云台俯仰拨轮，上抬云台，完成使用旋转右飞镜头拍摄滑板运动的操作。

11.2.4　低角度前推拍摄滑板运动

低角度前推是一种常用的摄影技巧，特别适合户外运动 Vlog，如滑板运动。这种拍摄方式可以让观众感受到更强烈的运动感和现

扫码看教学视频

场氛围。

下面介绍如何使用低角度前推镜头拍摄滑板运动,视频效果如图 11-13 所示。

图 11-13　使用低角度前推镜头拍摄滑板运动

❶ 让无人机飞到一定的高度,以低角度拍摄正在进行滑板运动的人物。

❷ 将右侧的摇杆向上推动,让无人机前进飞行,并慢慢加大推杆的幅度,向人物推近,完成使用低角度前推镜头拍摄滑板运动的操作。

11.2.5　右摇跟随拍摄跑步运动

通过摇摄,可以展现跑步者周围的环境,增加画面的信息量和动态范围。右摇跟随拍摄镜头则可以很好地跟随跑步者,让观众感受到

扫码看教学视频

运动的连续性和速度感。

下面介绍如何使用右摇跟随镜头拍摄跑步运动，视频效果如图 11-14 所示。

图 11-14　使用右摇跟随镜头拍摄跑步运动

❶ 让无人机飞到一定的高度，低角度拍摄仰拍正在跑步的人物。

❷ 将左侧的摇杆向右推动，让无人机跟随人物向右旋转飞行。

❸ 将右侧的摇杆向上推动，让无人机前飞，完成使用右摇跟随镜头拍摄人物的操作。

11.2.6　跟随下摇拍摄跑步运动

下摇拍摄可以展示跑步者的动作和环境背景，增加场景的深度和广度。从高角度开始，然后逐渐下摇至聚焦到跑步者身上，可以为视

扫码看教学视频

频创造一个引人入胜的开场。

下面介绍如何使用跟随下摇镜头拍摄跑步运动，视频效果如图 11-15 所示。

图 11-15 使用跟随下摇镜头拍摄跑步运动

❶ 让无人机飞到一定的高度，从跑步的人物背面拍摄。
❷ 将右侧的摇杆向上推动，让无人机前进飞行，跟随人物奔跑。
❸ 在跟随的同时，向左拨动云台俯仰拨轮，下摇镜头拍摄跑步运动。

11.2.7 上抬环绕左飞拍摄跑步运动

上抬环绕左飞镜头结合了上抬镜头、环绕和左飞的动作，可以让跑步者在环境中更突出，成为画面的焦点，并展示跑步者的运动轨迹和周围的环境。

扫码看教学视频

下面介绍如何使用上抬环绕左飞镜头拍摄跑步运动，视频效果如图 11-16 所示。

图 11-16　使用上抬环绕左飞镜头拍摄跑步运动

❶ 让无人机飞到一定的高度，向左拨动云台俯仰拨轮，俯拍人物。

❷ 将右侧的摇杆向右下方推动，让无人机向右侧后退飞行。

❸ 同时，将左侧的摇杆向左上方推动，让无人机进行环绕上升飞行。

❹ 在环绕上升后退飞行的同时，向右拨动云台俯仰拨轮，上抬镜头，拍摄跑步中的人物。

❺ 将镜头上抬一定的角度之后，停止拨动云台俯仰拨轮，使用环绕后退镜头拍摄跑步中的人物。

11.2.8 跟随环绕上抬拍摄骑车运动

扫码看教学视频

跟随环绕上抬拍摄骑车运动是一种非常有效的拍摄手法，它可以让观众感受到与运动者同步的动态体验。环绕上抬镜头可以展示骑行者周围的环境，让观众更好地了解骑行的背景和氛围。

下面介绍如何使用跟随环绕上抬镜头拍摄骑车运动，视频效果如图 11-17 所示。

图 11-17 使用跟随环绕上抬镜头拍摄骑车运动

❶ 让无人机飞到一定的高度，俯拍骑车的人物，将右侧的摇杆向右上方推动，跟拍人物一段距离。

❷ 之后，将右侧的摇杆向左上方推动，让无人机向左前飞。

❸ 同时，将左侧的摇杆向右上方推动，让无人机环绕上升飞行。

❹ 在无人机环绕上升飞行的同时，向右拨动云台俯仰拨轮，上抬镜头，拍摄人物。

11.2.9 跟随右飞下摇拍摄骑车运动

扫码看教学视频

跟随右飞下摇镜头可以清晰地展示骑行者的运动轨迹，让观众感受到运动的连贯性。通过镜头的动态移动，可以增强视频的节奏感，使画面更加生动。

下面介绍如何使用跟随右飞下摇镜头拍摄骑车运动，视频效果如图11-18所示。

图11-18 使用跟随右飞下摇镜头拍摄骑车运动

❶ 让无人机飞到一定的高度，在人物的正面跟随拍摄骑行。
❷ 将右侧的摇杆向右下方推动，让无人机向右侧后退飞行。
❸ 同时，将左侧的摇杆向左推动，让无人机环绕远离飞行。
❹ 在无人机环绕远离飞行的同时，向左拨动云台俯仰拨轮，下摇镜头，拍摄人物。

第 12 章
掌握快速修片的技巧

本章要点

醒图作为一款功能强大的图片编辑软件,界面简洁、直观,即使是新手也能快速掌握基本操作。醒图提供了多种风格的滤镜,可以一键应用,让航拍照片瞬间焕发新的活力。它还支持对亮度、对比度、饱和度等参数进行精细调节,满足专业摄影师的需求。除了基本的编辑功能,还有各种有趣的特效和贴纸供用户选择,增加照片的趣味性。除此之外,还有一些 AI 功能,提高了多种玩法。本章将为大家介绍如何使用醒图 App 对航拍照片进行处理,快速出片!

12.1 基本调节：调整航拍照片的画面

醒图 App 中的调节功能非常强大，而且都是非常基础的功能，大家学会这些基本的调节操作，能够快速出片。本节将为大家介绍如何在醒图 App 中对航拍照片进行基本的调节。

12.1.1 改变航拍照片的比例

扫码看教学视频

【效果对比】：利用醒图中的构图功能可以对图片进行裁剪、旋转和校正处理。下面为大家介绍如何对航拍照片进行构图处理，并改变画面的比例。比如，将横屏画面变成竖屏画面，并去除多余的背景，仅保留主体，原图与效果图对比如图 12-1 所示。

图 12-1 原图与效果图对比

下面介绍具体的操作。

[步骤 01] 打开手机应用商店 App，❶ 在搜索栏中输入并搜索"醒图"；❷ 在搜索结果中点击醒图右侧的"安装"按钮，如图 12-2 所示，下载醒图 App。

[步骤 02] 稍等片刻，下载安装成功之后，点击"打开"按钮，如图 12-3 所示。

[步骤 03] 进入"修图"界面，点击"导入图片"按钮，如图 12-4 所示。

图 12-2 点击"安装"按钮

图 12-3 点击"打开"按钮

图 12-4 点击"导入图片"按钮

步骤 04 在"全部照片"选项卡中选择一张照片，如图 12-5 所示。

步骤 05 进入醒图编辑界面，如图 12-6 所示。

图 12-5 选择一张照片

图 12-6 进入醒图编辑界面

步骤 06 ❶ 点击"调节"按钮；❷ 选择"构图"选项，如图 12-7 所示。

步骤 07 ❶ 选择 9∶16 选项，更改比例样式；❷ 微微调整图片的位置，确定构图；❸ 点击 ✓ 按钮，如图 12-8 所示，点击"导出"按钮，将照片保存至手机中。

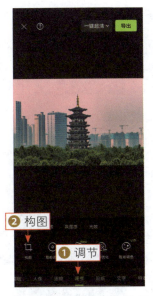

图 12-7 选择"构图"选项　　图 12-8 点击相应的按钮

12.1.2 调整航拍照片的曝光

扫码看教学视频

【效果对比】：在航拍的时候，如果画面有些欠曝，可以在后期提升画面曝光，让画面变得更有质感一些，原图与效果图对比如图 12-9 所示。

图 12-9 原图与效果图对比

下面介绍具体的操作。

步骤 01 在醒图 App 中导入照片素材，❶ 点击"调节"按钮；❷ 选择"亮度"选项；❸ 设置"亮度"参数为 38，让画面变亮一些，如图 12-10 所示。

步骤 02 ❶ 选择"光感"选项；❷ 设置"光感"参数为 40，提升曝光，如图 12-11 所示。

步骤 03 ❶ 选择"对比度"选项；❷ 设置"对比度"参数为 23，增加画面的明暗对比度，提升质感，如图 12-12 所示。

图 12-10　设置"亮度"参数为 38　　图 12-11　设置"光感"参数为 40　　图 12-12　设置"对比度"参数为 23

12.1.3　校正航拍照片的色彩

【效果对比】：在航拍的过程中，可能因为受到环境光线、大气条件、相机传感器性能等多种因素的影响，导致画面色彩失真。利用色彩校正功能可以尽可能地还原场景的真实色彩，提高图像的真实性，原图与效果图对比如图 12-13 所示。

扫码看教学视频

图 12-13　原图与效果图对比

下面介绍具体的操作。

步骤 01　在醒图 App 中导入照片素材，❶点击"调节"按钮；❷选择"色温"选项；❸设置"色温"参数为 70，让画面偏暖色调，如图 12-14 所示。

步骤 02　设置"自然饱和度"参数为 60，让画面色彩变得鲜艳一些，如图

12-15 所示。

步骤 03 选择 HSL 选项，如图 12-16 所示。

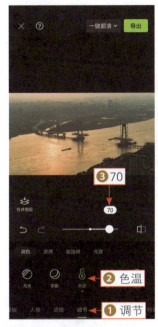
图 12-14 设置"色温"参数为 70

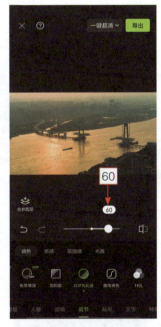
图 12-15 设置"自然饱和度"参数

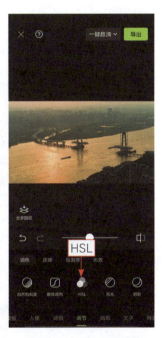
图 12-16 选择 HSL 选项

步骤 04 ❶ 选择蓝色选项 ◯；❷ 设置"饱和度"参数为 100，让蓝色区域的色彩更鲜艳；❸ 点击 ✓ 按钮，如图 12-17 所示。

步骤 05 设置"饱和度"参数为 39，让画面色彩更艳丽，如图 12-18 所示。

图 12-17 点击相应的按钮　　图 12-18 设置"饱和度"参数

12.1.4 智能优化航拍照片

扫码看教学视频

【效果对比】：使用醒图App里的智能优化功能可以一键处理照片，优化原图色彩和明度，让画面更加靓丽，原图与效果图对比如图12-19所示。

图12-19 原图与效果图对比

下面介绍具体的操作。

步骤01 在醒图App中导入照片素材，❶点击"调节"按钮；❷选择"智能优化"选项，一键优化色彩和曝光，如图12-20所示。

步骤02 选择"曲线调色"选项，如图12-21所示。

步骤03 在"曲线调色"面板中选择"提亮"曲线，提亮画面，如图12-22所示。

步骤04 设置"色调"参数为-100，让画面色调偏绿，如图12-23所示。

步骤05 设置"自然饱和度"参数为32，让画面色彩更鲜艳，如图12-24所示。

图12-20 选择"智能优化"选项

图12-21 选择"曲线调色"选项

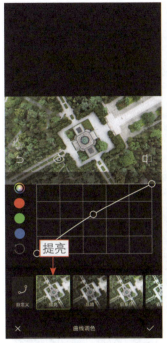

图 12-22 选择"提亮"曲线　　图 12-23 设置"色调"参数　　图 12-24 设置"自然饱和度"参数

12.1.5　去除照片中的瑕疵

【效果对比】：使用"消除"功能可以去除画面中不需要的部分，运用画笔涂抹的方式操作，十分简单。下面介绍如何用消除笔去掉画面中的瑕疵，原图与效果图对比如图 12-25 所示。

扫码看教学视频

图 12-25　原图与效果图对比

下面介绍具体的操作。

步骤 01　在醒图 App 中导入照片素材，点击"人像"按钮，如图 12-26 所示。

步骤 02　选择"消除"选项，如图 12-27 所示。

步骤 03 设置"画笔大小"参数为 15，如图 12-28 所示。

图 12-26 点击"人像"按钮

图 12-27 选择"消除"选项

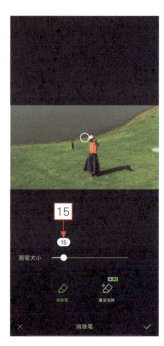

图 12-28 设置"画笔大小"参数

步骤 04 涂抹画面中的瑕疵，如图 12-29 所示，即可消除瑕疵。

步骤 05 使用相同的方法，消除画面中的其他瑕疵，如图 12-30 所示。

图 12-29 涂抹画面中的瑕疵

图 12-30 消除画面中的其他瑕疵

12.1.6 局部调整航拍照片

扫码看教学视频

【效果对比】：通过局部调整功能能够提高局部的亮度，也可以降低局部的亮度。下面把画面中的人物提亮，让人物更突出，原图与效果图对比如图 12-31 所示。

图 12-31　原图与效果图对比

下面介绍具体的操作。

步骤 01　在醒图 App 中导入照片素材，❶ 点击"调节"按钮；❷ 选择"局部调整"选项，如图 12-32 所示。

步骤 02　点击人物周围的位置，添加一个点，如图 12-33 所示。

图 12-32　选择"局部调整"选项

图 12-33　添加一个点

173

步骤 03 设置"亮度"参数为 100，提亮人物周围的画面，如图 12-34 所示。

步骤 04 设置"效果范围"参数为 56，增加提亮的效果范围，如图 12-35 所示。

图 12-34 设置"亮度"参数

图 12-35 设置"效果范围"参数

12.2 美化升级：赋予照片独特的魅力

在醒图 App 中，为照片添加滤镜，可以一键调色；添加文字和贴纸，可以增加画面内容和趣味性；还可以拼接多张照片、套模板快速出片；以及使用 AI（Artificial Intelligence，人工智能）功能美化图片。本节将为大家介绍这些美化升级照片的技巧。

12.2.1 添加滤镜美化照片

【效果对比】：为了让照片更有质感，通过在醒图 App 中添加相应的滤镜，就可以让航拍的风光照片更加靓丽，原图与效果图对比如图 12-36 所示。

扫码看教学视频

下面介绍具体的操作。

步骤 01 在醒图 App 中导入照片素材，❶点击"滤镜"按钮；❷在"风景"选项卡中选择"煦日"滤镜，进行初步调色，如图 12-37 所示。

步骤 02 ❶点击"调节"按钮；❷选择"自然饱和度"选项；❸设置"自然饱和度"参数为 100，让画面色彩更加鲜艳，如图 12-38 所示。

步骤 03 设置"色温"参数为 29，让画面偏暖色调，如图 12-39 所示。

图 12-36 原图与效果图对比

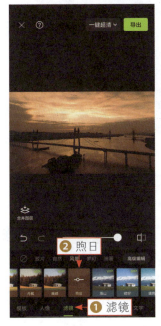
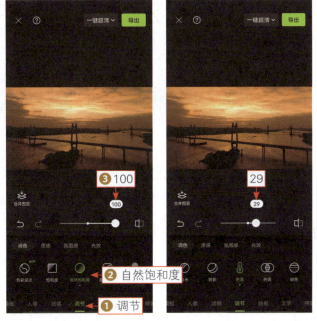

图 12-37 选择"煦日"滤镜　　图 12-38 设置"自然饱和度"　　图 12-39 设置"色温"参数
　　　　　　　　　　　　　　　　参数为 100

12.2.2 为照片添加文字和贴纸

【效果对比】：为航拍照片添加文字和贴纸可以点明主题并增加趣味性，原图与效果图对比如图 12-40 所示。

扫码看教学视频

下面介绍具体的操作。

步骤 01 在醒图 App 中导入照片素材，点击"文字"按钮，如图 12-41 所示。

步骤 02 弹出相应的面板，❶ 输入文字内容；❷ 切换至"样式"选项卡；❸ 设置"透明度"参数为 54，让水印文字不那么清晰；❹ 点击 ✓ 按钮，如图 12-42 所示。

图 12-40 原图与效果图对比

步骤03 ❶ 调整水印文字的大小和位置，使其处于画面左下角；❷ 点击"贴纸"按钮，如图 12-43 所示。

图 12-41 点击"文字"按钮　　图 12-42 点击相应的按钮　　图 12-43 点击"贴纸"按钮

步骤04 ❶ 在搜索栏中输入并搜索"夕阳";❷ 在搜索结果中选择一款文字贴纸;❸ 调整贴纸的大小和位置,如图 12-44 所示。

步骤05 ❶ 在搜索栏中输入并搜索"落日";❷ 在搜索结果中选择一款贴纸;❸ 调整贴纸的大小和位置,如图 12-45 所示。

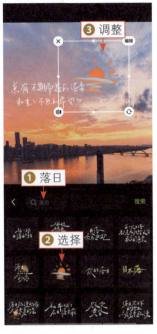

图 12-44　调整贴纸的大小和位置(1)　　图 12-45　调整贴纸的大小和位置(2)

12.2.3　拼接多张航拍照片

【效果对比】:在醒图 App 中通过导入图片就能实现多图拼接,制作高级感拼图,让多张照片可以同时出现在一个画面中,原图与效果图对比如图 12-46 所示。

扫码看教学视频

图 12-46　原图与效果图对比

下面介绍具体的操作。

步骤01 打开醒图App，进入"修图"界面，点击"拼图"按钮，如图12-47所示。

步骤02 ❶依次选择相册里的3张照片；❷点击"完成"按钮，如图12-48所示。

图12-47 点击"拼图"按钮

图12-48 点击"完成"按钮

步骤03 ❶在"拼图"选项卡中选择3∶4选项；❷选择第1个样式，如图12-49所示。

步骤04 微微调整3张照片的画面位置，如图12-50所示。

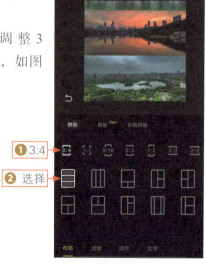

图12-49 选择第1个样式

图12-50 微微调整3张照片的画面位置

12.2.4 套用模板快速成片

扫码看教学视频

【效果对比】：醒图 App 中有很多模板，有滤镜调色、文字、贴纸和排版模板，一键就能套用，出图非常方便，原图与效果图对比如图 12-51 所示。

图 12-51 原图与效果图对比

下面介绍具体的操作。

步骤 01 打开醒图 App，进入"修图"界面，点击搜索按钮 🔍，如图 12-52 所示。

步骤 02 ❶ 输入并搜索"夏天"；❷ 点击所选模板下方的"使用"按钮，如图 12-53 所示。

图 12-52 点击搜索按钮

图 12-53 点击"使用"按钮

179

步骤03 在"全部照片"选项卡中选择一张照片素材，如图12-54所示。

步骤04 即可套用模板，点击右上角的"导出"按钮，如图12-55所示，导出照片。

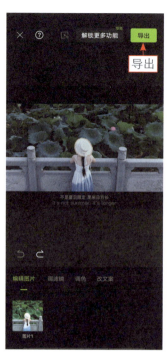

图 12-54　选择一张照片素材　　图 12-55　点击"导出"按钮

12.2.5　使用 AI 功能美化图片

【效果对比】：AI 玩法能让航拍照片变得截然不同，又充满想象的空间。在醒图 App 中有多种玩法选项可选，操作十分简单。本节使用 AI 功能，让城市里的夜景画面出现银河星空，原图与效果图对比如图 12-56 所示。

图 12-56　原图与效果图对比

下面介绍具体的操作。

步骤01 在醒图 App 中导入照片素材，点击"玩法"按钮，如图 12-57 所示。

步骤02 ❶ 在"趣味玩法"选项卡中选择"星系银河"选项；❷ 弹出相应的进度提示，如图12-58所示。

图12-57 点击"玩法"按钮

图12-58 弹出相应的进度提示

步骤03 替换天空成功之后，点击 ✓ 按钮，如图12-59所示。

步骤04 点击右上角的"导出"按钮，如图12-60所示，导出照片。

图12-59 点击相应的按钮

图12-60 点击"导出"按钮

第 13 章
学会 AI 智能剪辑视频

本章要点

剪映是一款非常受欢迎的视频剪辑软件，它不仅提供了基础的剪辑功能，还集成了 AI 智能剪辑技术，使得用户可以更加轻松地制作出专业的视频内容。剪映中的 AI 功能有模板、剪同款、一键成片和各种智能字幕功能。学会这些剪映 AI 智能剪辑视频，可以提升视频制作效率和创作质量。本章将为大家介绍相应的技巧，帮助大家学会使用 AI 智能剪辑视频和剪辑航拍 Vlog。

13.1　AI剪辑技巧：智能剪辑出片

剪映 App 的 AI 功能涵盖了作图、视频生成、特效、商品图展示、配音、音色克隆、一键成片、图文成片、音乐生成等多个方面。在处理航拍视频的时候，可以使用剪映中的部分 AI 功能进行剪辑，本节将为大家介绍相应功能的使用方法。

13.1.1　使用 AI 功能智能调色

【效果对比】：在调色过程中，AI 可以根据视频或图像的内容、氛围及用户的审美需求，自动调整色彩参数，如亮度、对比度、饱和度等，从而得到更加生动、精准和自然的调色效果，原图与效果图对比如图 13-1 所示。

扫码看教学视频

图 13-1　原图与效果图对比

下面介绍具体的操作。

步骤 01 打开手机应用商店 App，❶ 在搜索栏中输入并搜索"剪映"；❷ 在搜索结果中点击剪映右侧的"安装"按钮，如图 13-2 所示，下载剪映 App。

步骤 02 稍等片刻，下载安装成功之后，点击"打开"按钮，如图 13-3 所示，打开剪映 App。

图 13-2　点击"安装"按钮　　图 13-3　点击"打开"按钮

步骤03 在"剪辑"界面中点击"开始创作"按钮，如图13-4所示。

步骤04 进入"照片视频"界面，❶在"视频"选项卡中选择视频；❷选中"高清"复选框；❸点击"添加"按钮，如图13-5所示。

图13-4 点击"开始创作"按钮

图13-5 点击"添加"按钮

步骤05 进入剪映手机版编辑界面，如图13-6所示，在一级工具栏中点击"调节"按钮。

步骤06 选择"智能调色"选项，智能调节画面的色彩和明度，如图13-7所示。

图13-6 点击"调节"按钮

图13-7 选择"智能调色"选项

步骤07 ❶切换至"滤镜"选项卡;❷选择"橙蓝"夜景滤镜,继续优化画面色彩;❸点击✓按钮,如图13-8所示。

步骤08 点击右上角的"导出"按钮,如图13-9所示,导出视频。

图13-8 点击相应的按钮　　图13-9 点击"导出"按钮

13.1.2 使用AI功能智能添加音乐

【画面效果展示】:使用AI功能智能添加音乐,可以极大地提升音频、视频或其他多媒体项目的创作效率和质量,画面效果如图13-10所示。

扫码看教学视频

图13-10 画面效果展示

下面介绍具体的操作。

步骤01 在剪映App中导入一段视频素材,点击"音频"按钮,如图13-11所示。

步骤02 在弹出的二级工具栏中点击"AI音乐"按钮,如图13-12所示。

步骤03 弹出"AI音乐"面板,❶选择"纯音乐"音乐类型;❷输入描述词；❸点击"开始生成"按钮，如图13-13所示。

图13-11 点击"音频"按钮

图13-12 点击"AI音乐"按钮

图13-13 点击"开始生成"按钮

步骤04 弹出相应的信息提示框，点击"同意"按钮，如图13-14所示。

步骤05 生成相应的音乐，❶选择音乐进行试听；❷点击所选音乐右侧的"使用"按钮，如图13-15所示，添加音乐。不过，即使使用相同的描述词，AI生成的音乐也会不一样。

图13-14 点击"同意"按钮

图13-15 点击"使用"按钮

步骤06 ❶拖曳时间线至视频的末尾位置；❷点击"分割"按钮，分割音频，如图13-16所示。

步骤07 点击"删除"按钮，如图13-17所示，删除多余的音频素材。

图 13-16　点击"分割"按钮　　图 13-17　点击"删除"按钮

13.1.3　使用 AI 功能智能添加字幕

扫码看教学视频

【效果展示】：如果视频中有清晰的歌曲或音乐，可以使用识别歌词功能，快速识别出歌词字幕，省去了手动添加歌词字幕的操作，效果如图 13-18 所示。

目前，剪映新出了很多歌词字幕动效样式，不过需要开通剪映会员才能使用。当然，用户也可以使用免费的字幕样式。

图 13-18　效果展示

下面介绍具体的操作。

[步骤 01] 在剪映 App 中导入一段视频素材，点击"文本"按钮，如图 13-19 所示。

[步骤 02] 在弹出的二级工具栏中点击"识别歌词"按钮，如图 13-20 所示。

图 13-19 点击"文本"按钮

图 13-20 点击"识别歌词"按钮

[步骤 03] 弹出"识别歌词"面板，❶选择"音乐播放器"歌词动效；❷点击"开始匹配"按钮，如图 13-21 所示。

[步骤 04] 稍等片刻，即可自动添加歌词字幕，如图 13-22 所示。

图 13-21 点击"开始匹配"按钮

图 13-22 自动添加歌词字幕

13.1.4 使用 AI 模板功能制作视频

扫码看教学视频

【**效果展示**】：在使用 AI 模板功能一键生成视频时，需要注意素材的类型——是视频还是图片，以及素材的个数。用户还可以搜索模板套用，效果如图 13-23 所示。

图 13-23　效果展示

下面介绍具体的操作。

步骤 01　在剪映 App 中导入一段视频素材，点击"模板"按钮，如图 13-24 所示。

步骤 02　弹出相应的面板，点击搜索按钮，如图 13-25 所示。

步骤 03　❶ 输入并搜索"航拍日落"；❷ 在搜索结果中选择一款模板，如图 13-26 所示。

图 13-24　点击"模板"按钮　　图 13-25　点击搜索按钮　　图 13-26　在搜索结果中选择一款模板

步骤04 进入相应的界面,点击"去使用"按钮,如图 13-27 所示。

步骤05 进入"照片视频"界面,❶ 在"视频"选项卡中选择一段视频;❷ 点击"下一步"按钮,如图 13-28 所示。

步骤06 进入视频编辑界面,❶ 选择原始视频素材;❷ 点击"删除"按钮,如图 13-29 所示,删除视频,之后点击"导出"按钮,导出视频。

图 13-27　点击"去使用"按钮　　图 13-28　点击"下一步"按钮　　图 13-29　点击"删除"按钮

13.1.5　使用 AI 剪同款功能制作视频

【效果展示】:AI 剪同款功能是剪映中的特色功能,它允许用户通过选择预设的模板,快速制作出具有专业水准的视频作品,效果如图 13-30 所示。

扫码看教学视频

图 13-30　效果展示

下面介绍具体的操作。

步骤 01 打开剪映 App，点击底下的"剪同款"按钮，如图 13-31 所示，进入"剪同款"界面。

步骤 02 ❶ 在搜索栏中输入并搜索"航拍城市"；❷ 在搜索结果中选择相应的模板，如图 13-32 所示。

图 13-31 点击"剪同款"按钮（1）

图 13-32 选择相应的模板

步骤 03 进入相应的界面，点击右下角的"剪同款"按钮，如图 13-33 所示。

步骤 04 ❶ 在"视频"选项卡中依次选择 5 段航拍视频；❷ 点击"下一步"按钮，如图 13-34 所示。

图 13-33 点击"剪同款"按钮（2）

图 13-34 点击"下一步"按钮

步骤 05 ❶ 点击"导出"按钮；❷ 点击 720p 按钮，如图 13-35 所示。

步骤 06 ❶ 在"选择分辨率"面板中设置"分辨率"参数为 1080p；❷ 点击"完成"按钮，如图 13-36 所示。

步骤 07 点击 按钮，如图 13-37 所示，导出无水印视频。

图 13-35 点击 720p 按钮

图 13-36 点击"完成"按钮

图 13-37 点击相应的按钮

13.1.6 使用 AI 一键成片功能制作视频

【效果展示】：AI 一键成片功能是一种快速制作视频的工具，它允许用户通过简单的操作，将图片、视频片段和音乐等素材融合在一起，生成一部完整的视频作品，效果如图 13-38 所示。不过需要注意的是，剪映每次生成的视频也许会不一样。

扫码看教学视频

图 13-38 效果展示

下面介绍具体的操作。

步骤 01 打开剪映 App，点击"一键成片"按钮，如图 13-39 所示。

步骤 02 进入"照片视频"界面，❶在"视频"选项卡中依次选择 4 段视频；❷点击搜索栏，如图 13-40 所示。

图 13-39 点击"一键成片"按钮

图 13-40 点击搜索栏

步骤 03 ❶输入"剪个旅行 Vlog"；❷点击"下一步"按钮，如图 13-41 所示。

步骤 04 稍等片刻，即可生成一段视频，❶在"推荐"选项卡中选择模板；❷如果对效果满意，点击"导出"按钮，如图 13-42 所示。

图 13-41 点击"下一步"按钮

图 13-42 点击"导出"按钮

步骤 05 弹出"导出设置"面板，❶ 设置"分辨率"参数为 1080p；❷ 点击 按钮，如图 13-43 所示。

步骤 06 视频导出成功之后，点击"完成"按钮，如图 13-44 所示。

图 13-43　点击相应的按钮　　　图 13-44　点击"完成"按钮

13.2　Vlog剪辑案例：《秋日赏枫》

秋天的红色枫叶非常美丽和迷人，能够吸引很多观众。在航拍枫叶视频素材之后，用户可以在剪映 App 中进行剪辑，将多段素材合成为一段完成的 Vlog，这样可以让航拍视频更有吸引力。

本节将为大家介绍《秋日赏枫》Vlog 案例的剪辑方法，视频效果如图 13-45 所示。

图 13-45　视频效果

13.2.1 添加多段素材和背景音乐

扫码看教学视频

剪辑视频的第 1 步就是添加素材，这样才能进行接下来的剪辑操作。在添加视频之后，可以为视频添加合适的背景音乐，剪映 App 的曲库中有很多类型的音乐，用户只需要根据视频风格添加音乐即可。下面介绍添加多段素材和背景音乐的操作方法。

步骤 01 在手机中打开剪映 App，在"剪辑"界面中点击"开始创作"按钮，如图 13-46 所示。

步骤 02 进入"照片视频"界面，❶ 在"视频"选项卡中依次选择 4 段视频；❷ 选中"高清"复选框；❸ 点击"添加"按钮，如图 13-47 所示，添加多段视频素材。

步骤 03 在一级工具栏中点击"音频"按钮，如图 13-48 所示。

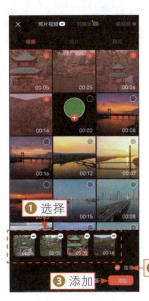

图 13-46　点击"开始创作"按钮　　图 13-47　点击"添加"按钮　　图 13-48　点击"音频"按钮

步骤 04 在弹出的二级工具栏中点击"音乐"按钮，如图 13-49 所示。

步骤 05 进入"音乐"界面，选择"纯音乐"选项，如图 13-50 所示。

步骤 06 ❶ 在"纯音乐"界面中选择音乐进行试听；❷ 点击所选音乐右侧的"使用"按钮，如图 13-51 所示，添加背景音乐。

※ 温馨提示

除了添加剪映曲库中的音乐，用户还可以添加抖音收藏和本地视频中的音乐。

图 13-49　点击"音乐"按钮　　图 13-50　选择"纯音乐"选项　　图 13-51　点击"使用"按钮

13.2.2　剪辑素材时长和添加转场

在添加视频和音乐素材之后，下一步就是剪辑素材的时长，剪辑的方法有两种。剪辑完成之后，可以在多段素材之间添加合适的转场，让视频过渡更自然。下面介绍剪辑素材时长和添加转场的操作方法。

扫码看教学视频

步骤 01　选择音频素材，向右拖曳素材左侧的白色边框至视频第 1s 左右的位置，调整音频素材的时长，如图 13-52 所示。

步骤 02　调整音频的轨道位置，使其与视频的起始位置对齐，如图 13-53 所示。

步骤 03　❶ 拖曳时间线至第 24s 的位置；❷ 选择第 4 段视频素材；❸ 点击"分割"按钮，分割视频；❹ 点击"删除"按钮，如图 13-54 所示，删除多余的视频素材。

步骤 04　❶ 选择音频素材；❷ 在第 24s 的位置点击"分割"按钮，分割音频；❸ 点击"删除"按钮，如图 13-55 所示，删除多余的音频素材。

步骤 05　点击第 1 段视频与第 2 段视频之间的转场按钮 ，如图 13-56 所示。

步骤 06　❶ 切换至"叠化"选项卡；❷ 选择"叠化"转场，如图 13-57 所示。同理，在第 2 段视频与第 3 段视频之间添加"推近"运镜转场，在第 3 段视频与第 4 段视频之间添加"拉远"运镜转场。

第13章 学会AI智能剪辑视频

图 13-52 调整音频素材的时长

图 13-53 调整音频的位置

图 13-54 点击"删除"按钮（1）

图 13-55 点击"删除"按钮（2）

图 13-56 点击转场按钮

图 13-57 选择"叠化"转场

197

13.2.3 添加开场特效和渐隐动画

扫码看教学视频

为视频添加开场特效,可以让视频画面在开场的时候更吸睛。为最后一段视频添加渐隐动画,可以让视频慢慢变黑完成出场。下面介绍添加开场特效和渐隐动画的操作方法。

步骤01 ❶拖曳时间线至视频的起始位置;❷在一级工具栏中点击"特效"按钮,如图13-58所示。

步骤02 在弹出的二级工具栏中点击"画面特效"按钮,如图13-59所示。

步骤03 ❶切换至"基础"选项卡;❷选择"泡泡变焦"特效;❸点击 ✓ 按钮,如图13-60所示。

图13-58 点击"特效"按钮　　图13-59 点击"画面特效"按钮　　图13-60 点击相应的按钮

步骤04 调整"泡泡变焦"特效的时长,使其末尾位置处于视频第1s的位置,如图13-61所示。

步骤05 ❶选择第4段视频素材;❷在弹出的工具栏中点击"动画"按钮,如图13-62所示。

步骤06 ❶切换至"出场"选项卡;❷选择"渐隐"动画;❸点击 ✓ 按钮,如图13-63所示,添加出场动画。

第13章 学会AI智能剪辑视频

图 13-61 调整特效的时长　　图 13-62 点击"动画"按钮　　图 13-63 点击相应的按钮

13.2.4 添加滤镜效果和分段调色

扫码看教学视频

添加滤镜效果和分段调色可以极大地提升视频的视觉美感。根据Vlog的主题和氛围，选择适合的滤镜效果。对于秋日赏枫主题，可以选择一些能够提高色彩饱和度、对比度或添加温暖色调的滤镜。

在时间线面板中，用户可以根据画面需要进行分段调色。下面介绍添加滤镜效果和分段调色的操作方法。

步骤 01 在视频的起始位置点击"滤镜"按钮，如图 13-64 所示。

步骤 02 弹出相应的面板，❶切换至"风景"选项卡；❷选择"晚晴"滤镜；❸设置参数为 11，减淡滤镜效果；❹点击✓按钮，如图 13-65 所示。

步骤 03 点击《按钮，如图 13-66 所示，返回上一级工具栏。

步骤 04 点击"新增滤镜"按钮，如图 13-67 所示。

步骤 05 ❶切换至"风景"选项卡；❷选择"日光吻"滤镜；❸设置参数为 85，叠加滤镜进行调色；❹点击✓按钮，如图 13-68 所示。

步骤 06 ❶调整两段滤镜的时长，使其末尾位置与视频的末尾位置对齐；❷选择第 4 段视频素材；❸点击"调节"按钮，如图 13-69 所示。

199

图 13-64 点击"滤镜"按钮　　图 13-65 点击相应的按钮（1）　　图 13-66 点击相应的按钮（2）

图 13-67 点击"新增滤镜"按钮　　图 13-68 点击相应的按钮（3）　　图 13-69 点击"调节"按钮

第13章　学会AI智能剪辑视频

步骤07 ❶ 设置"白色"参数为7；❷ 点击"全局应用"按钮，整体提亮4段视频的亮部区域，如图13-70所示。

步骤08 设置"阴影"参数为23，提亮视频的暗部区域，如图13-71所示。

图13-70　点击"全局应用"按钮

图13-71　设置"阴影"参数

13.2.5　添加标题文字和求关注片尾

添加标题文字和求关注片尾可以提升视频的专业度，并吸引观众关注。用户可以从剪映App中选择一个合适的文字模板，制作标题文字；也可以将片尾素材放置在视频的结尾，提醒观众关注作者。下面介绍添加标题文字和求关注片尾的操作方法。

步骤01 在视频的起始位置点击"文本"按钮，如图13-72所示。

步骤02 在弹出的二级工具栏中点击"文字模板"按钮，如图13-73所示。

步骤03 ❶ 切换至"片头标题"选项卡；❷ 选择一款文字模板；❸ 更改文字内容；❹ 点击1L按钮，如图13-74所示。

步骤04 ❶ 将剩下的文字更改为"日、赏、枫"；❷ 点击✓按钮，如图13-75所示。

步骤05 调整标题文字的画面大小和位置，使其处于画面上方，如图13-76所示。

步骤06 ❶ 拖曳时间线至视频的末尾位置；❷ 点击 + 按钮，如图13-77所示。

图13-72 点击"文本"按钮

图13-73 点击"文字模板"按钮

图13-74 点击相应的按钮（1）

图13-75 点击相应的按钮（2）

图13-76 调整文字的大小和位置

图13-77 点击相应的按钮（3）

步骤07 进入"照片视频"界面，❶在"视频"选项卡中选择片尾绿幕素材；❷选中"高清"复选框，如图13-78所示。

步骤08 ❶切换至"照片"选项卡；❷选择头像照片素材；❸点击"添加"按钮，如图13-79所示。

图 13-78　选中"高清"复选框　　图 13-79　点击"添加"按钮

步骤09 ❶选择片尾绿幕素材；❷点击"切画中画"按钮，如图13-80所示，切换片尾绿幕素材的轨道位置。

步骤10 点击"抠像"按钮，如图13-81所示。

图 13-80　点击"切画中画"按钮　　图 13-81　点击"抠像"按钮

步骤 11 在弹出的工具栏中点击"色度抠图"按钮,如图13-82所示。

步骤 12 拖曳取色器圆环,在画面中取样绿幕的颜色,如图13-83所示。

图13-82 点击"色度抠图"按钮　　图13-83 取样绿幕的颜色

步骤 13 ❶设置"强度"参数为60、"阴影"参数为54,抠除绿幕;❷点击✓按钮,如图13-84所示。

步骤 14 ❶调整头像素材的时长,使其与绿幕素材的末尾位置对齐;❷调整头像素材的画面大小和位置;❸点击"导出"按钮,如图13-85所示,导出视频。

图13-84 点击相应的按钮(4)　　图13-85 点击"导出"按钮